AF523870

Jürgen Schuller

# Faszinierende Bäume in Niederbayern

BaumGeschichte(n) · Biologie · Mythologie

JÜRGEN SCHULLER

BAUMGESCHICHTE(N)
BIOLOGIE
MYTHOLOGIE

# Faszinierende BÄUME in Niederbayern

SüdOst Verlag

Bibliografische Information der Deutschen Nationalbibliothek

Die Deutsche Nationalbibliothek verzeichnet diese Publikation in der Deutschen Nationalbibliografie; detaillierte bibliografische Daten sind im Internet über http://dnb.dnb.de abrufbar.
ISBN 978-3-95587-792-7

Für uns, die Battenberg Gietl Verlag GmbH mit all ihren Imprint-Verlagen, ist Nachhaltigkeit ein wichtiger Teil unserer Unternehmensphilosophie. Daher achten wir bei allen unseren Produkten auf den Einsatz umweltschonender Ressourcen und Materialien.
Dieses Buch wurde auf FSC®-zertifiziertem Papier gedruckt. FSC (Forest Stewardship Council®) ist eine nicht staatliche, gemeinnützige Organisation, die sich für die verantwortungsvolle und ökologische Nutzung der Wälder unserer Erde einsetzt.

Unsere Partnerdruckerei kann zudem für den gesamten Herstellungsprozess nachfolgende Zertifikate vorweisen:
- Zertifizierung für FOGRA PSO
- Zertifizierungssystem FSC®
- Leitlinien zur klimaneutralen Produktion (Carbon Footprint)
- Zertifizierung EcoVadis (die Methodik besteht aus 21 Kriterien in den Bereichen Umwelt, Einhaltung menschlicher Rechte und Ethik)
- Zertifikat zum Energieverbrauch aus 100% erneuerbaren Quellen
- Teilnahme am Projekt „Grünes Unternehmen" zum Schutz von Naturressourcen und der menschlichen Gesundheit

**Bildquellen:**
Alle Bilder vom Verfasser mit folgenden Ausnahmen:
Karten; Geodaten: Bayerische Vermessungsverwaltung 2019
S. 9, 17, 26/27, 84 rechts oben: Christian Wolf
S. 22, 64, 132 oben u. unten, 135 rechts unten, 163 Mitte: Lea Simone Bogner
S. 8 links oben: Christoph Schütz auf Pixabay
S. 10 unten: HOerwin56 auf Pixabay
S. 13 rechts oben, S. 31 links oben: Manfred Richter auf Pixabay
S. 17 links: Thomas B. auf Pixabay
S. 18 oben: LoggaWiggler auf Pixabay
S. 18 unten: Richard Loader auf Unsplash
S. 22: Lea Simone Bogner
S. 24 oben: S. Hermann & F. Richter auf Pixabay
S. 24 unten: Yvonne Huijbens auf Pixabay
S. 28: Hans Braxmeier

1. Auflage 2022
ISBN 978-3-95587-792-7

www.battenberg-gietl.de

# INHALTSVERZEICHNIS

900 Quadratkilometer zusammenhängende Waldfläche sind eine Ansage. So groß ist die Gesamtfläche des Nationalparks Bayerischer Wald und des Sumava-Nationalparks auf tschechischer Seite. Beide gehen ineinander über, sind nur durch die Landesgrenze getrennt und bilden damit das größte unter Schutz stehende Waldgebiet in ganz Mitteleuropa.

24.250 Hektar davon liegen auf der bayerischen Seite in den Landkreisen Freyung-Grafenau und Regen. Damit nimmt der Nationalpark knapp sieben Prozent der gesamten Waldfläche Niederbayerns ein.

# REGIERUNGSBEZIRK DER SUPERLATIVE

## KLEINE BAUMFÜHRUNG

Beginnen möchte ich mit einer kleinen Baumführung, mit der ich kurz erklären mag, wie man die im Buch gezeigten Bäume erkennt. Weltweit unterscheiden die Biologen rund 26.400 Baumarten, von denen 76 in Deutschland und davon ungefähr 50 in Bayern vorkommen.

Blatt eines Feldahorns

Oben das Blatt des Spitzahorns, unten der Bergahorn

## A WIE AHÖRNER…

Sind nicht nur im Alphabet ganz vorne, sondern auf eine subtile Art für mich die heimlichen Stars unter den niederbayerischen Bäumen.

Bergahorn, Spitzahorn und Feldahorn – so heißen die drei Ahornarten. Von allen segeln im Herbst die geflügelten Samen: die „Nasenzwicker". Und leicht lässt sich das Trio an den Blättern unterscheiden. Runde Lappen und spitze Buchten hat der Bergahorn – beim viel häufiger vorkommenden Spitzahorn ist es genau umgekehrt: spitze Lappen und runde Buchten. Die fünflappigen Blätter des Feldahorns sind wie der ganze Baum deutlich kleiner. Häufig erreicht dieser Ahorn nur Strauchgröße oder wird als Heckenpflanze klein gehalten.

Die miteinander verwachsenen Bergahornstämme bei der Altposchinger Hütte im Landkreis Regen wirken wie ein gewaltiger Baum. Deutlich ist die platanenartige Rinde alter Bergahornbäume zu erkennen. Diese brachte dem Bergahorn übrigens auch seinen wissenschaftlichen Namen ein: *Acer pseudoplatanus* – der Ahorn, der eine unechte Platane ist.

## *Steckbrief Bergahorn (Acer pseudoplatanus)*

Der bis zu 30 Meter hohe Bergahorn ist die größte Ahornart der Welt. Unter optimalen Bedingungen wird seine riesige Krone breiter als hoch. Kein anderer Ahorn erreicht ein höheres Alter: 500 Jahre sind belegt.

***Rinde:*** nur an ganz jungen Bäumen glatt und grau, später rosabraun, felderartig zerbrechend und grob abschuppend

***Belaubung:*** Knospen grünlich; Blätter fünflappig, sehr dunkelgrün an der Oberseite, bis zu 20 Zentimeter breit, aber in der Größe variabel, die Blattränder ungleichmäßig und grob gezähnt

***Blüte:*** Blüten gelblich, in hängenden Trauben, erscheinen im April zusammen mit den Blättern

Die reifen Früchte des Bergahorns. Deutlich ist zu sehen, dass die einzelnen geflügelten Früchte in einem sehr spitzen Winkel zueinander stehen. Das gibt es bei keinem anderen einheimischen Ahorn!

***Frucht:*** Teilfrüchte ähnlich groß wie beim Spitzahorn, aber oft im spitzen Winkel zueinander stehend

***Standort:*** anspruchsvolle Halbschattenbaumart der feuchten Schluchtwälder, benötigt humusreiche frische Böden, steigt auf über 1600 Meter Höhe. Die wahren Riesen stehen in den Alpen, bei uns als Straßen- und Parkbaum oft ein Schatten ihrer selbst.

Die Früchte des Spitzahorn mit ihrer großen Flughaut kurz vor der Reife

### *Steckbrief Spitzahorn (Acer platanoides)*

Weit verbreiteter, maximal 25 Meter hoher Baum mit hoch gewölbter, sehr dichter Krone, die oft auf einem kurzen Stamm ansetzt.

***Rinde:*** grau, manchmal fast schwarz wirkend, auch im Alter fein faltig und kaum abschuppend

***Belaubung:*** Triebe rötlichbraun mit eiförmiger rotbrauner Endknospe; Blätter bis zu 20 Zentimeter breit, mit 5 deutlich zugespitzten Lappen

***Blüte:*** Blüten erscheinen stets vor den Blättern, oft bereits Ende März, gelblichgrün, immer 30 bis 40 in einer Dolde zusammen

***Frucht:*** geflügelte Früchte, 4–5 Zentimeter lange Teilfrüchte, stehen sich in einem Winkel von fast 180 Grad gegenüber

***Standort:*** gern auf tiefgründigen Böden, die genug Wasser führen, aber insgesamt weniger anspruchsvoll als der Bergahorn

## ABER NICHT EBERESCHEN

Nein, Ebereschen oder Vogelbeerbäume finden sich nicht im Büchlein. Eschen und Ebereschen – beider Blätter sind gefiedert, aber doch sind die Blätter der echten Esche genau wie die ganzen Bäume viel größer. Wer nach eingehender Betrachtung der Blätter immer noch unsicher ist: Nur die echte Esche hat tief dunkle, fast schwarze Knospen im Herbst und Winter und trägt wirklich NIE rot-orange Beeren. Übrigens hatten auch die Menschen im Mittelalter schon so ihre Unterscheidungsschwierigkeiten und nannten deshalb die Vogelbeere auch Eberesche, was so viel heißt wie „Falsche Esche“. Dabei hätte man im Zweifelsfall nur messen müssen: Während Ebereschen zu eher kleinen und hausgartenverträglichen Bäumchen heranwachsen, erreicht die echte Esche auf optimalen Standorten schon mal über 50 Meter Höhe, wie hier an der Donau bei Kelheim. Damit gehören die himmelsstürmenden Riesenbäume zu den höchsten Laubbäumen Deutschlands.

Links die filigrane Eberesche, rechts oben die Esche. Nicht nur im Winter fallen ihre schwarzen Knospen auf.

### *Gemeine Esche (Fraxinus excelsior)*

Ausnahmsweise bis 45 Meter Höhe erreichender, eher schlanker Baum mit hoher offener Krone und steil ansteigenden Ästen, die im spitzen Winkel vom langen Stamm abgehen.

***Rinde:*** an jungen Bäumen hellgrau und ganz glatt, später mit breiten Furchen und Leisten

***Belaubung:*** dicke graugrüne Triebe mit fast schwarzen Knospen; gefiederte Blätter sind 20 bis 30 Zentimeter lang, zusammengesetzt aus 9 bis 13 Blättchen

***Blüte:*** vom Wind bestäubte unscheinbare Blüten

***Frucht:*** geflügelte Früchte erreichen eine Länge von 4 Zentimetern

***Standort:*** anspruchsvoll, liebt feuchte, lockere und fruchtbare Böden, sehr lichtbedürftig

Die geflügelten Nussfrüchte der Esche im Winter. Sie fallen nacheinander während des Winters ab.

Über 50 Meter hohe Esche bei Kelheim

Esche bei Kriering

## KURZLEBIGE KRAFTPAKETE ...

als solche könnte man Weiden und ihre nahen Verwandten, die Pappeln, bezeichnen. Keine anderen einheimischen Baumarten bilden in vergleichbar kurzer Zeit so große Bäume, die immer viel älter aussehen, als sie tatsächlich sind.

Eine weitere Eigenart teilen sich die beiden schnellwüchsigen Gattungen: Die einzelnen Arten sind gar nicht so einfach zu unterscheiden.

38 verschiedene Weidenarten wachsen in Deutschland und fast alle davon auch in Bayern. Viele sehen sich zum Verwechseln ähnlich und kreuzen sich zum Teil auch fruchtbar untereinander. Gibt es dann überhaupt Merkmale, welche alle Weiden gemeinsam haben? Durchaus: Bei allen Weiden ist jedes Laubblatt um genau 144 Grad gegenüber dem vorherigen gedreht, so dass jedes fünfte Blatt in die gleiche Richtung wie das erste schaut. Blickt man also von vorne auf den Trieb, so sind die Blätter wie bei einer Wendeltreppe mit ⅔-Drehung angeordnet. Sofern beim Spaziergang das Geodreieck zu Hause geblieben ist, orientiert man sich vielleicht besser an den sehr verschiedenartigen, aber stets auffallenden Kätzchen, an denen im Frühling alle Weiden leicht zu erkennen sind. Und wächst der Baum obendrein in Gewässernähe und hat schmale, lanzettförmige Blätter, ist es keine schlechte Idee, schon mal auf Weide zu tippen.

**Die weiblichen Blüten von weiblichen Silberweiden sind deutlich grün gefärbt und kürzer als die gelben männlichen Kätzchen.**

**Weiden sind stets zweihäusig, das bedeutet, dass sich männliche und weibliche Blüten auf verschiedenen Bäumen befinden. Das sind kätzchenförmige, männliche Blüten einer männlichen Silberweide. Übrigens sind die als Osterschmuck beliebten Palmkätzchen die männlichen Blüten von Salweiden.**

Solange sie sich nicht untereinander kreuzen, sind Zitterpappel, Silberpappel und Schwarzpappel, so heißen unsere drei einheimischen Pappeln, relativ leicht zu unterscheiden. Die gewaltige Graupappel dagegen, eine Naturhybride zwischen Zitterpappel und Silberpappel, macht es durch ihre großzügige Durchmischung der Merkmale beider Eltern schon schwieriger.

Den Weg ins Buch hat die ebenso seltene wie gewaltige Schwarzpappel gefunden. Übrigens handelt es sich bei der häufig zu sehenden Pyramidenpappel um keine eigene Pappelart, sondern um eine Mutation der Schwarzpappel, welche wahrscheinlich in Persien aufgetreten ist. Vermutlich im 18. Jahrhundert begann man die schlanken Säulen über Italien nach Deutschland einzuführen. Aber so genau weiß das niemand.

Alte Kopfweide bei Ruhstorf
im Landkreis Passau

### *Silberweide (Salix alba)*

Ausladend breitkroniger Laubbaum, bis 30 Meter hoch mit oft überhängenden Zweigen.

***Rinde:*** grau und tiefrissig, am Stammfuß älterer Bäume tief gefurcht

***Belaubung:*** junge Triebe sehr biegsam und gelbbraun gefärbt; Blätter bis 10 Zentimeter lang und maximal 2 Zentimeter breit, nach beiden Seiten verschmälert; Oberseite kräftig grün und die Unterseite graublau, fast silbrig (Name!)

***Blüte:*** männliche Blüten in gelbgrünen bis 7 Zentimeter langen Kätzchen; weibliche Blüten in kürzeren, dünneren und grünen Kätzchen

***Frucht:*** winzige Samen mit Flughaaren

***Standort:*** an Bächen und Flüssen, feuchtigkeits- und wärmeliebend, erträgt auch längere Überschwemmung

## *Schwarzpappel (Populus nigra)*

Mächtiger Baum, bis über 30 Meter hoch; alte Bäume knorrig mit sehr unregelmäßigen Kronen, wenig elegant, aber ausdrucksstark und beeindruckend.

***Rinde:*** grob graubraun, wirkt durch quer verlaufende Korkwülste eigenartig

***Belaubung:*** im Querschnitt runde junge Triebe; Blätter rhombisch, oft fast dreieckig wirkend, aber auch recht vielgestaltig

***Blüte:*** männliche und weibliche Blüten in langen, hängenden Kätzchen, die vor den Blättern erscheinen und sich meist so weit oben am Baum befinden, dass sie kaum zu erkennen sind

***Frucht:*** winzige Samen mit wolligen Flughaaren

***Standort:*** anspruchsvoll hinsichtlich Licht, Wärme und Bodenqualität, benötigt viel Feuchtigkeit Pappelsamen sind winzig klein und wiegen nur einige Zehntel Milligramm, umgeben sind die Samen von feinen weißen Flughaaren. Damit fliegen die 25 Millionen Samen, die eine einzige ausgewachsene Pappel produziert.

**Pappelsamen sind winzig klein und wiegen nur einige Zehntel Milligramm, umgeben sind die Samen von feinen weißen Flughaaren. Damit fliegen die 25 Millionen Samen, die eine einzige ausgewachsene Pappel produziert.**

**Pyramidenform der Schwarzpappel bei Staubing im Landkreis Kelheim**

## DER LAUBBAUM SCHLECHTHIN

Kein Laubbaum ist in den niederbayerischen Wäldern häufiger als die Rotbuche. Obwohl ich für dieses Buch gewaltige und dabei jahrhundertealte Riesenbuchen, wie die im Ludwigshain, besucht habe, darf das nicht darüber hinwegtäuschen, dass hohes Alter für Buchen die Ausnahme ist. Meist erreichen sie kaum mehr als 150 Lebensjahre. Bis dahin entwickelt die Rotbuche im Freistand ausladende Kronen. Tiefer Schatten herrscht dann unter ihnen. Verwechseln wird man die Buche kaum: Massive Stämme mit silbergrauer, glatter Rinde und wie gebügelt aussehende, dunkelgrüne Blätter. Das hat kein anderer Laubbaum. Übrigens gibt es bei uns nur eine Buchenart. Die Weißbuche ist botanisch gesehen gar keine Buche, sondern eine nahe Verwandte der Birken. Ihre Blätter sehen aus wie ungebügelte Rotbuchenblätter mit kleinen Zähnchen an den Blatträndern.

Reife Buchecker

Rotbuchenblätter im Austrieb

Eines haben die bisher genannten Bäume gemeinsam: Sie können alt werden. Aber obwohl sie alt werden können, werden sie nicht unbedingt sehr alt, meist nicht älter als 150 bis 200 Jahre. Aber es sind gerade die richtig alten Bäume, die ich ganz besonders faszinierend finde. Und davon gibt es in Niederbayern überraschend viele. Vorsichtig geschätzt wachsen im baumreichen Regierungsbezirk ungefähr 400.000 Bäume, die älter als 200 Jahre sind!

In dieser Liga spielen allerdings nur wenige Baumarten: Sommerlinde, Winterlinde und Stieleiche und die seltene Eibe machen das fast schon unter sich aus.

### *Steckbrief Rotbuche (Fagus sylvatica)*

Bis 30 Meter hoher, im Freistand genauso breiter Baum mit riesiger Kuppelkrone und starken Ästen, die bis zum Boden hängen. Im Wald langschäftig mit schmaler Krone.

***Rinde:*** silbergrau, auch im Alter glatt

***Belaubung:*** Triebe mattbraun mit dünnen lang zugespitzten Knospen, Blätter elliptisch mit leicht welligem Rand, glänzend grün oberseits

***Blüte:*** männliche Blüten in kugeligen Bündeln, weibliche Blüten zu zweit in filzigen Bechern, beide eher unauffällig, erscheinen zusammen mit den Laubblättern

***Frucht:*** Bucheckern dreikantig, in einem weit aufklaffenden bestachelten Becher

***Standort:*** auf fast allen nicht zu trockenen Böden, vor allem auf Lehm, schattenverträglicher als jede andere einheimische Baumart, gedeiht noch bei weniger als 2 Prozent des vollen Tageslichts

Sommerlinde

Winterlinde

## LINDEN

Vor allem die beiden Lindenchampions stellen die meisten der mehr als 400 Jahre alten ehrwürdigen Baumgreise. Besser gesagt Greisinnen, denn Linden gelten von alters her als weiblich.
Oft erkennt man Linden schon aus großer Ferne an ihrer Form. Ihre eiförmigen Kronen wirken gewaltig, dennoch für die Größe zart.

Sommer- und Winterlinde sind gar nicht so leicht zu unterscheiden. Beiden gemeinsam ist die Fähigkeit, zu gewaltigen Bäumen mit außerordentlich dicken Stämmen heranzuwachsen. Um die Lindenschwestern zu unterscheiden, hilft am ehesten ein Blick auf die Blätter: Die Blätter der Sommerlinde sind deutlich größer als die der Winterlinde und tragen auf der Blattunterseite kleine weiße Achselbärte. Die auffallend kleinen Blätter von Winterlinden besitzen rostrote Achselbärtchen an den Unterseiten. Als kleinen Erfahrungswert gebe ich noch mit, dass die meisten markanten Altlinden Sommerlinden sind.

Reife Früchte der Winterlinde

48.832805,
13.142935

Die Linde in Euschertsfurth im Landkreis Deggendorf wird auf rund 300 Jahre geschätzt. Ihr massiv wirkender Stamm mit einem Umfang von 8,59 Metern trägt eine beeindruckende 30 Meter hohe Krone.

Winterlinde bei Kriering

### *Winterlinde (Tilia cordata)*

Winterlinden werden bis 30 Meter hoch und ähneln in ihrer Kronenform sehr der Sommerlinde, auffällig sind die Knollen am Stamm alter Bäume.

***Rinde:*** grau bis graubraun, an alten Bäumen in flache Platten zerbrechend

***Belaubung:*** Triebe an der Oberseite deutlich rot, Blätter herzförmig, dick, derb und bis 7 mal 7 Zentimeter groß, an der Unterseite oft blaugrün mit rotbraunen Achselbärten

***Blüte:*** blüht rund zwei Wochen nach der Sommerlinde, duftende Blüten zu 5 bis 10 in Büscheln

***Frucht:*** Fruchtstände aus bis zu 10 kugeligen, fast glatten Nüsschen und einem knapp 10 Zentimeter langen Flügel zusammengesetzt

***Standort:*** auf verschiedenen Böden, jedoch nicht auf armen Standorten, bevorzugt geschützte Lagen, seit Jahrhunderten häufig angepflanzt

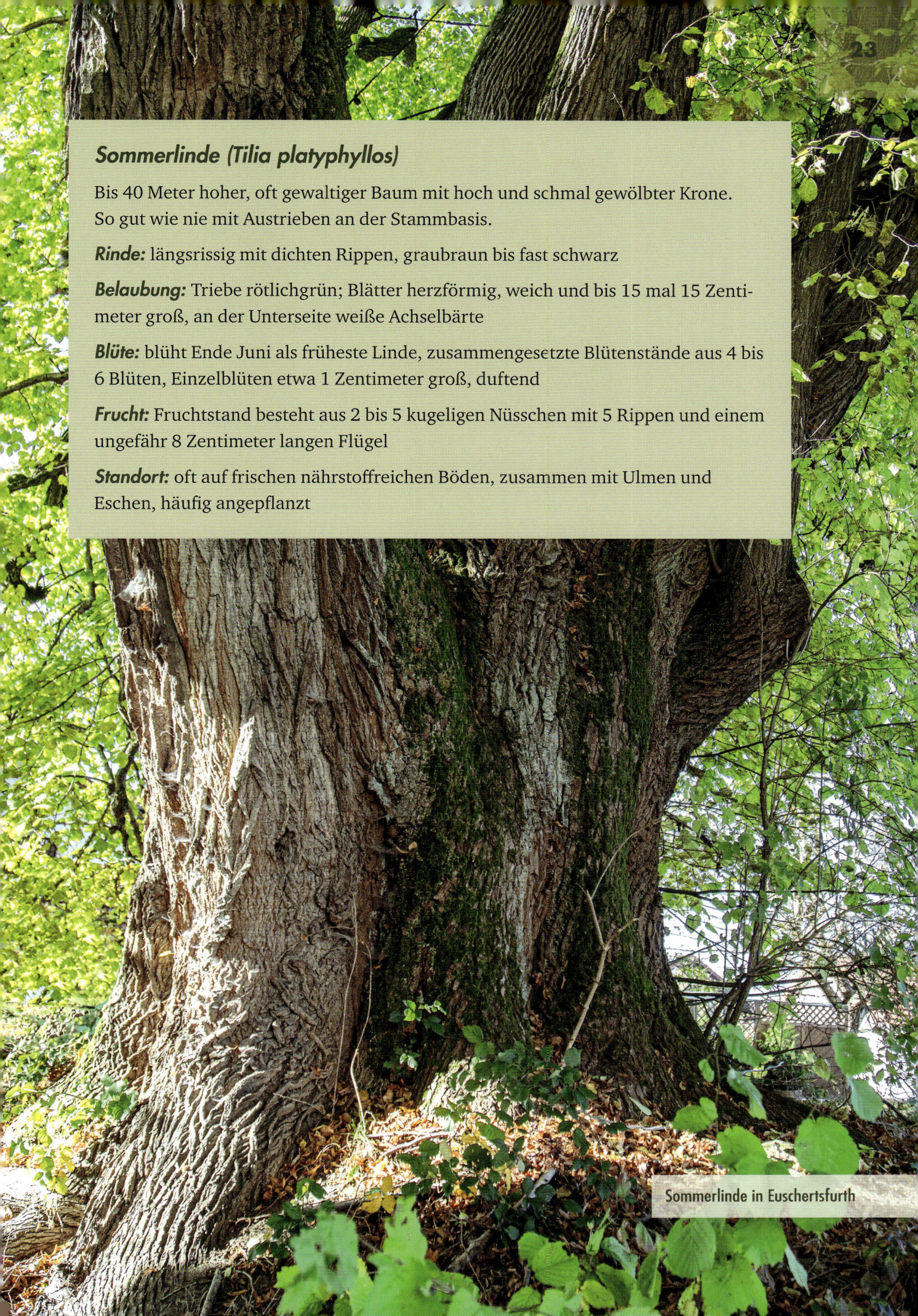

## *Sommerlinde (Tilia platyphyllos)*

Bis 40 Meter hoher, oft gewaltiger Baum mit hoch und schmal gewölbter Krone. So gut wie nie mit Austrieben an der Stammbasis.

***Rinde:*** längsrissig mit dichten Rippen, graubraun bis fast schwarz

***Belaubung:*** Triebe rötlichgrün; Blätter herzförmig, weich und bis 15 mal 15 Zentimeter groß, an der Unterseite weiße Achselbärte

***Blüte:*** blüht Ende Juni als früheste Linde, zusammengesetzte Blütenstände aus 4 bis 6 Blüten, Einzelblüten etwa 1 Zentimeter groß, duftend

***Frucht:*** Fruchtstand besteht aus 2 bis 5 kugeligen Nüsschen mit 5 Rippen und einem ungefähr 8 Zentimeter langen Flügel

***Standort:*** oft auf frischen nährstoffreichen Böden, zusammen mit Ulmen und Eschen, häufig angepflanzt

Sommerlinde in Euschertsfurth

# EICHEN

Die Stieleiche kann man leicht mit der ähnlichen Traubeneiche verwechseln. Am sichersten erkennt man die Stieleiche daran, dass ihre Eicheln an mindestens 2 cm langen Stielen hängen, während die Eicheln der Traubeneiche fast ungestielt wirken – sofern die Bäume gerade welche tragen und die Eicheln ohne Leiter oder Fernglas sichtbar sind. Deshalb sei mir eine Aussage erlaubt, die mir die Förster verzeihen mögen: In Niederbayern ist das sicherste „Unterscheidungsmerkmal" zwischen den beiden Eichenarten, dass fast jede große Alteiche eine Stieleiche ist, einfach deshalb, weil die Traubeneiche in Niederbayern so selten ist.

Aus diesem Grund war ich auf meinen Streifzügen durch Niederbayern auch stets erstaunt, wenn sich unter die Stieleichen mal eine Traubeneiche gemischt hatte. Erste Hinweise sind der, zumindest für Eichenverhältnisse, etwas elegantere Wuchs und die größeren und ebenmäßiger wirkenden Blätter.

**Meist hängen ein bis drei Eicheln der Stieleiche an einem gemeinsamen mehrere Zentimeter langen Stiel.**

**Die Eicheln der Traubeneiche stehen in kleinen Büscheln zusammen, deren Stiele weniger als ein Zentimeter lang sind, falls man überhaupt Stiele sieht.**

### *Stieleiche (Quercus robur)*

Ausnahmsweise bis 40 Meter hohe Laubbäume, deren riesige unregelmäßige Kronen so wirken, als hätten die Äste immer wieder leicht ihre Wuchsrichtung geändert. Dadurch erscheinen Eichen oft schon aus der Ferne charaktervoller als Ahorn, Esche oder Linde.

***Rinde:*** hellgrau, tief gefurcht

***Belaubung:*** Trieb grünbraun; Blätter mit kurzem, kaum vorhandenem Stiel, maximal 15 Zentimeter lang, jederseits mit 5 bis 6 Buchten

***Blüte:*** männliche Blüten in schlanken Kätzchen, weibliche Blüten unauffällig an jungen Trieben

***Frucht:*** Eicheln meist zu zweit an 4 bis 8 Zentimeter langen Stielen (Name!)

***Standort:*** am besten auf tiefgründigen feuchten Böden, aber in der Oberpfalz oft zusammen mit der Waldkiefer auf nicht zu trockenen Sandböden

Gruppe alter Stieleichen bei Maierhof im Landkreis Dingolfing Landau

Sehr alter Birnbaum bei Riedenburg im Landkreis Kelheim

## OBSTBÄUME?

Auf den ersten Blick könnte man denken, dass im Kreise der bisher genannten Bäume, die alle entweder sehr groß, sehr alt oder beides werden können, Obstbäume völlig fehl am Platze wirken. 100 Jahre sind für Birnbäume und Kirschbäume und erst recht für Apfelbäume oder Zwetschgen ein hohes Alter und selbst die größten und höchsten unter ihnen erreichen kaum ein Drittel der Höhe einer ausgewachsenen Eiche.

Da sich aber gerade bei den Wildbirnen oder uralten Kultursorten immer wieder einmal einzelne Bäume finden, die viel älter und knorriger werden als ihre Artgenossen, habe ich in diesem Buch einer besonderen Holzbirne, so nennt man die seltene Stammform unserer Kulturbirne, eine Geschichte gewidmet.

## UND DIE NADELBÄUME?

Leicht sind ausgewachsene Waldkiefern schon von Ferne an der rötlichen Rinde im oberen Teil ihres Stammes zu erkennen oder aus der Nähe an ihren blaugrünen langen Nadeln, die immer paarweise an den Zweiglein stehen. Meist reicht sogar ein Blick unter den Baum – der Boden unter älteren Kiefern ist übersät mit kugeligen Zapfen, den „Butzelköi". Waldkiefern können sehr verschieden wirken: malerisch und breitkronig im Freistand, und hoch und schlank im Wald.

Kiefernzapfen

### *Waldkiefer (Pinus silvestris)*

Knapp 40 Meter Höhe erreichen unsere Waldkiefern nur im dichten Bestand auf besten Böden. Ihre Kronen sind sehr variabel, aber im Alter stets ausgesprochen flachkronig und unregelmäßig.

***Rinde:*** im Kronenbereich mit orangeroter, papierartig dünner Rinde, unterer Stammteil mit dicker längsgefurchter grau- bis rotbrauner Plattenborke

***Belaubung:*** steife blaugrüne Nadeln immer paarweise an Kurztrieben, 3 bis 8 Zentimeter lang

***Blüte:*** männliche Blüten an jungen Trieben, nur rund 6 Millimeter lang, sehr zahlreich, die gelben Pollen werden in Massen vom Wind verteilt (Schwefelregen); weibliche rote Blüten an jungen Triebspitzen

***Zapfen:*** 5 bis 8 Zentimeter lang, reifen und verholzen erst im Folgejahr

***Standort:*** anspruchslos gegenüber Trockenheit, Nässe und Winterkälte, kann sich nur auf ärmeren Standorten dauerhaft gegenüber anderen Baumarten behaupten

Alte Waldkiefer im Freistand

## DIE EWIGE VERWECHSLUNG

Die Tanne hat es nicht leicht, immer wieder wird sie mit der Fichte verwechselt. Sogar ihren Namen muss sie oft missverständlich hergeben. Sind doch die „Tannenzapfen“ auf dem Waldboden stets Fichtenzapfen. Reife Zapfen der Tanne zerfallen bereits am Baum in einzelne Schuppen und rieseln folglich in Einzelteilen herab. Bis dahin stehen Tannenzapfen aufrecht wie Weihnachtskerzen an den Zweigen, während die Fichtenzapfen herabhängen.

Aber auch ohne Zapfen braucht niemand Tannen und Fichten zu ver-

### *Weißtanne (Abies alba)*

Maximal 50 Meter hohe Bäume mit schmaler kegelförmiger Krone. Zweige fast fischgrätenartig angeordnet, bei alten Tannen fällt der abgeflachte Gipfel auf, die sogenannte Storchennestkrone.

***Rinde:*** stumpf grau, nie rötlich, im Alter in kleine Felder zerbrechend

***Belaubung:*** Triebe stumpf oder glänzend grau; Nadeln unterschiedlich lang, bis 2 Zentimeter, in mehreren Lagen, oben tiefgrün und glänzend, unten mit zwei auffallenden weißen Bändern

***Blüte:*** nur in Gipfelnähe; männliche Blüten: 2 Zentimeter lange gelbliche Walzen an der Triebunterseite; weibliche Blüten: 3 Zentimeter lange und 1 Zentimeter breite Zylinder an der Trieboberseite

***Zapfen:*** bis zu 15 Zentimeter groß, rotbraun, senkrecht stehend und bei der Reife zerfallend

***Standort:*** anspuchsvoll, benötigt nährstoffreiche Böden, stellt hohe Anforderungen an die Bodenfeuchtigkeit und ist in kalten Lagen durch Spätfrost gefährdet

Tannenzapfen

Fichtenzapfen

Douglasienzapfen

wechseln: die Nadeln der Tanne sind, im Gegensatz zu denen der Fichte, glänzend dunkelgrün, flach und haben auf der Unterseite zwei helle, deutlich sichtbare Streifen.

Einjähriger Sämling einer Weißtanne im Hans-Watzlik-Hain

## *Douglasie (Pseudotsuga menziesii)*

Douglasien sind gewaltige Nadelbäume mit kegelförmigem Wuchs, die in Mitteleuropa bislang über 50 Meter Höhe erreichen, an der Westküste der USA sogar über 80 Meter hoch werden.

***Rinde:*** unverwechselbare, bis 25 Zentimeter dicke, tief gefurchte purpurbraune Borke

***Belaubung:*** Triebe mit spindelförmigen Knospen, ähnlich Buchenknospen; maximal 2 Zentimeter lange, weiche frischgrüne Nadeln mit zwei schmalen silbergrauen Streifen unterseits

***Blüte:*** männliche Blüten wie kleine rötliche Knospen; weibliche Blüten seitlich an den Triebspitzen wie kleine (oft rötliche) Zapfen

***Zapfen:*** 5 bis 10 Zentimeter lang und hängend wie bei der Fichte, sogenannte Deckschuppen ragen weit zwischen den anderen Zapfenschuppen hervor und lassen die kleinen Zapfen fransig erscheinen

***Standort:*** bevorzugt nährstoffreiche Lehmböden, liegt in ihren Ansprüchen an die Bodenfeuchtigkeit zwischen Waldkiefer und Fichte

Ich gebe zu, der (Noch-)Brotbaum der niederbayerischen Forstwirtschaft, die Fichte, kommt in diesem Buch nicht lebend vor. Das liegt vor allem daran, dass für mich die Fichte, gerade im Nationalpark, zum Symbol des Waldwandels geworden ist. Da sind bis zum Horizont reichende Flächen abgestorbener Hochlandbestände, die sich seit der Jahrtausendwende unvergesslich ins Gedächtnis brennen. Da ist aber auch gesunder Aufwuchs von Rotbuche und Weißtanne, der ahnen lässt, wie die ehemaligen Fichtenbestände in 100 Jahren aussehen werden. Deshalb, liebe Baumfreundinnen und Baumfreunde, wenn Sie eine besonders schön gewachsene, gewaltige Fichte kennen, dann teilen Sie sie mit mir. Ich freue mich darauf, der Rottanne, wie die Fichte auch heißt, in der nächsten Auflage des Buches einen Ehrenplatz zu geben.

# EIBE

Die Eibe ist vielleicht die geheimnisvollste einheimische Baumart und eine Rarität in den Wäldern Niederbayerns. Ihre rötliche Stammfarbe, die giftigen dunkelgrünen Nadeln und ihre roten beerenförmigen Früchte, die botanisch gesehen übrigens gar keine Früchte sind, machen die Eibe unverwechselbar. Meist begegnen wir ihr nur in Strauch- und nicht in Baumform. In den tiefen Wäldern Niederbayerns verstecken sich glücklicherweise noch einige märchenhafte Alteiben.

Zweig einer reich fruchtenden weiblichen Eibe

## *Eibe (Taxus baccata)*

Oft mehrstämmige Bäume bildend, die nur selten über 15 Meter Höhe erreichen; in der Jugend recht schlank und mit zunehmendem Alter stark an Breite zunehmend.

***Rinde:*** rötlich-braune Schuppenborke, anhand der auch halbwüchsige Waldeiben sofort von jungen Fichten oder Tannen zu unterscheiden sind

***Belaubung:*** weiche Nadeln, auf der Oberseite dunkelgrün, auf der gelbgrünen Unterseite zwei undeutliche Streifen

***Blüte:*** zweihäusig; das heißt, es gibt männliche und weibliche Bäume; männliche Blüten in kleinen rund 4 Millimeter großen kugeligen Zapfen, die im Frühling die gelblichen Pollen massenhaft entlassen; weibliche Blüten sind kaum 2 Millimeter groß, grün und unscheinbar

***Samen:*** kleine nussartige Samen, von einer fleischigen leuchtend roten Hülle ummantelt; weibliche Bäume wirken dadurch so als ob sie rote Beeren tragen

***Standort:*** auffallend flexibel und weniger anspruchsvoll als früher angenommen; in der Jugend etwas frostempfindlich; benötigt in den ersten Lebensjahren unbedingt Schatten

***Achtung:*** Die Eibe ist in allen Teilen stark giftig mit Ausnahme des roten Samenmantels (die Nüsschen innerhalb sind aber giftig!).

Alte Eibe bei Fratersdorf im Landkreis Regen

## UND DIE EXOTEN?

Ob Hausgarten oder alter Park – ob Götter- Zürgel-, oder Mammutbaum, es gibt auch in Niederbayern sicher mehr eingeführte Baumarten als einheimische. Aber was heißt überhaupt einheimisch? Die Botaniker haben da eine strikte Grenze gezogen: Bäume, die vor der Entdeckung Amerikas im Jahre 1492 eingeführt wurden, gelten in Deutschland als einheimisch. Das heißt, auch die knorrigste alte Robinie ist nicht einheimisch – „erst“ 1601 kamen die ersten Robinienpflänzchen aus Virginia. Jeder Baum, dessen Familie nicht seit über 500 Jahren in Niederbayern wohnt, bleibt für die Wissenschaft auf ewig ein „Zuagroaster“.

Knorrige Robinie bei Enzerweis im Landkreis Dingolfing-Landau

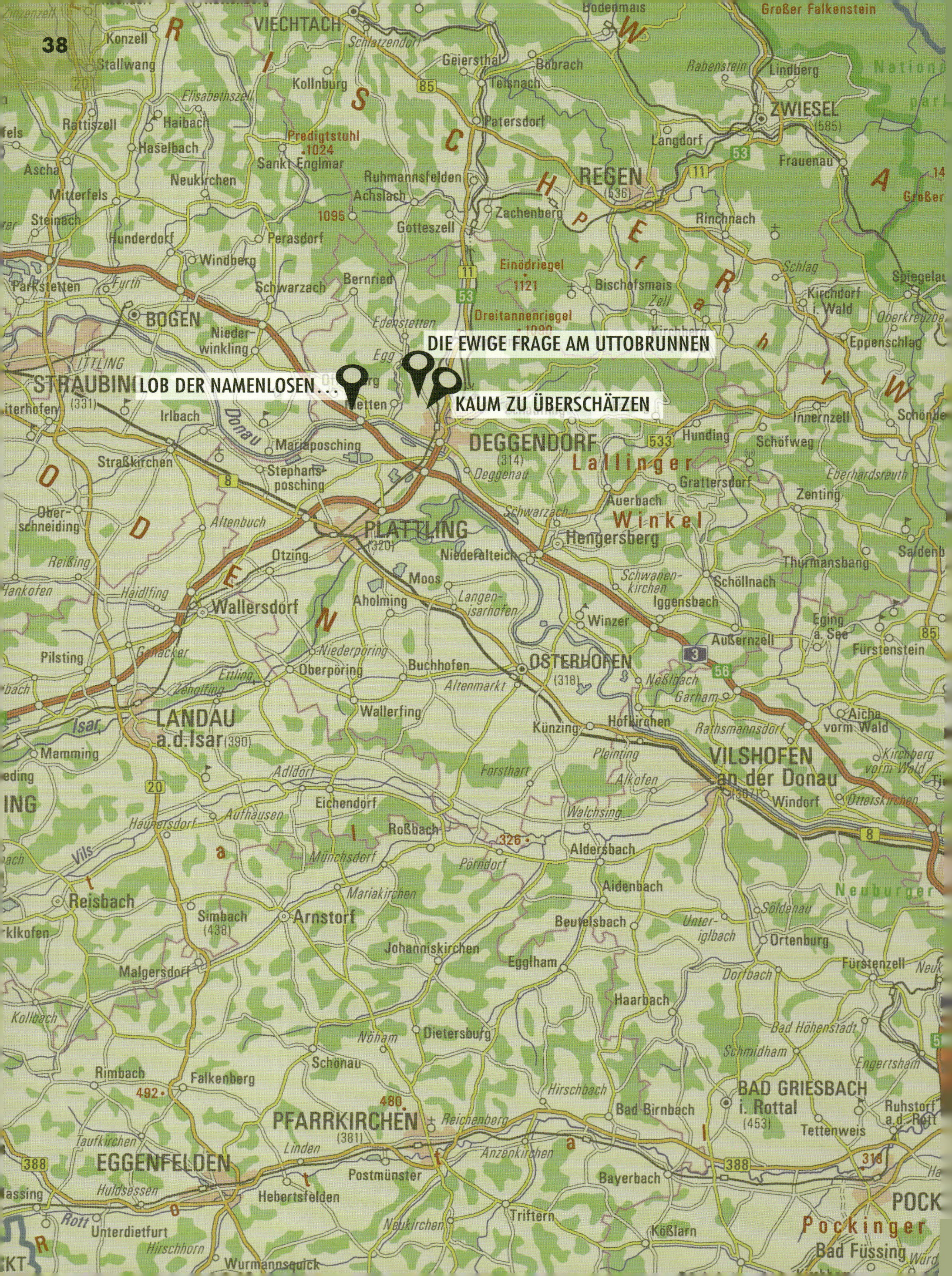
DIE EWIGE FRAGE AM UTTOBRUNNEN
LOB DER NAMENLOSEN …
KAUM ZU ÜBERSCHÄTZEN
VIECHTACH
ZWIESEL
REGEN
BOGEN
STRAUBING
DEGGENDORF
PLATTLING
OSTERHOFEN
LANDAU a.d.Isar
VILSHOFEN an der Donau
BAD GRIESBACH i. Rottal
PFARRKIRCHEN
EGGENFELDEN
Lallinger Winkel
Pockinger

# LANDKREIS DEGGENDORF

# KAUM ZU ÜBERSCHÄTZEN

Ebenso unbekannt wie unersetzlich ist die prachtvolle Stieleiche am Kohlhof, übrigens nicht weit von der Linde an der Utto-Kapelle entfernt.

48.856756, 12.941818

Gerade bei alten Eichen lenken ihre Größe und auffallende Erscheinung schnell von der außerordentlichen ökologischen Bedeutung der Altbäume ab. Etwas provokant ausgedrückt heißt das: Alte Eichen sind oft nicht nur schöner als andere Bäume, sondern auch wertvoller.

Ich meine damit nicht einmal, dass Eichen mit ihren großen Kronen die Lufttemperatur deutlich absenken, mit ihren vielen Blättern sehr viel Feinstaub filtern oder besonders viel Sauerstoff produzieren, all das machen Rotbuchen, Linden und Ahorn schließlich ebenso.

Mehr als jede andere einheimische Baumart sind vor allem alte Eichen wertvoller Lebensraum für viele Tiere und auch Pflanzen.

400 zum Teil sehr seltene Insektenarten leben ausschließlich von und auf der Eiche. Längst nicht alle davon sind so bekannt wie der beeindruckende Hirschkäfer – übrigens eine der ersten Käferarten, die in Deutschland unter Naturschutz gestellt wurden, nach dem Reichsnaturschutzgesetz schon 1935.

Aber auch das Leben größerer Tiere ist eng mit Eichen verbunden. Neben Eichelhäher und Wildschwein sind es sogar Fledermäuse, die hinter abplatzender dicker Eichenborke Quartier finden.

Überhaupt ist die Borke der Eiche ein Universum für sich. Dadurch dass Eichenrinde nie glatt ist, sondern mit zunehmendem Alter in tiefen schattigen Furchen das Regenwasser lange hält, finden Moose und Flechten gerade an der Wetterseite von Eichenstämmen traumhafte Bedingungen vor. So entstehen dort kleine vertikale Zauberwälder, in denen Spinnen und viele Insekten ihr ganzes Leben verbringen und dabei ihrerseits zahlreiche Vögel ernähren.

An all diese Dinge denke ich, wenn ich vor einer Eiche wie der Kohlhof-Eiche stehe, von der nicht bekannt ist, wer sie wann und warum gepflanzt hat, und die doch für Moos und Mensch unersetzlich und einmalig ist. Das sehen auch die Verantwortlichen im Landkreis Deggendorf so und ließen die markante Alteiche, übrigens ebenso wie die nahe Uttolinde, im Frühjahr 2021 fachgerecht sanieren und einige bruchgefährdete Äste behutsam einkürzen.

Die knapp 25 Meter hohe Sommerlinde an der Utto-Kapelle

# DIE EWIGE FRAGE AM UTTOBRUNNEN

Warum ist gerade die Linde an Kapellen, Kreuzwegen und Kirchen DER Baum schlechthin? Keine andere Baumart ist von alters her mehr mit der Volksfrömmigkeit verbunden als die Linde. Und so ist es natürlich eine alte Linde, die den Eingang zur abgelegenen und romantisch verwunschen wirkenden Utto-Kapelle beschirmt. Wahrscheinlich wurde die heute über sechs Meter Umfang messende Riesin 1701 mit dem Bau der Kapelle gepflanzt.

48.855923, 12.938674

Warum gerade eine Linde? Stattliche Ahornbäume oder Buchen machen doch auch etwas her! Aber eine Linde ist viel tiefer im Volksglauben verankert. Bereits die Germanen verehrten ihre weiblichen Gottheiten mit der Linde, stellten deshalb Göttinnenfiguren im Schatten mächtiger Linden auf. Mit der Christianisierung behielt die Linde ihre Bedeutung. Nur ersetzte man die heidnischen Figuren gezielt durch Marien-Darstellungen. Und so wurde allmählich der Baum der Göttin zum Baum der Jungfrau Maria.

Ob das der einzige Grund ist? Wohl nicht. Kaum ein anderer Baum – vielleicht mit Ausnahme von Weide und Holunder – spielt seit dem Mittelalter eine so große Rolle in der Heilkunde. Und es sind vor allem die Blüten, welche, mannigfaltig eingesetzt, „Linderung" verschaffen. Ja, seit dem 16. Jahrhundert bereichert die gute Linde auch unsere Sprache, denn lindern bedeutet, „einen Zustand von Schmerz oder Not zum Besseren hin verändern." Wertschätzung und Ehrung haben da die Linden auch in der Sprache erfahren.

Konsequenterweise pflanzten so auch Priester und Ordensleute Lindenbäume an den zahlreichen Kirchen und Klöstern. Und zur Kirche passt dann auch das Holz der Lindenstämme: Es sind so viele mittelalterliche Heiligenfiguren und Altäre aus Lindenholz geschnitzt, dass man Lindenholz auch „lignum sacrum", also heiliges Holz, nannte.

Zur malerisch am Waldrand stehenden Utto-Kapelle passt die Linde aber auch noch aus einem ganz eigenen Grund. Die Linde war der erklärte Lieblingsbaum von Kaiser Karl dem Großen – so dass dieser um 795 n. Chr. anordnete, dass im gesamten Reich Linden an öffentlichen Gebäuden und Gutshöfen zu pflanzen seien. Was hat das aber mit der Kapelle zu tun? An einer Quelle, nicht weit vom Standort der heutigen Kapelle, soll eine legendäre Begegnung des mächtigen Frankenkaisers mit dem Einsiedler Utto stattgefunden haben, die zur Gründung des Klosters Metten führte.

Ob es sich wirklich zutrug, dass Einsiedler Utto sein Beil an einem Lichtstrahl aufhängte und mit diesem Wunder den sich auf der Jagd befindlichen Kaiser derart beeindruckte, dass dieser Kloster Metten stiftete und den Einsiedler zu dessen erstem Abt bestimmte, darf bezweifelt werden, nicht jedoch, dass Uttobrunn für viele Jahrhunderte zum Wallfahrtsort wurde, weil man der Quelle heilende Wirkung zuschrieb. Von den vor über 400 Jahren errichteten Herbergen und Badeanstalten für die Pilger ist nichts mehr zu sehen.

Jahrhunderte des Wandels sind am Uttobrunnen ins Land gegangen und auch die Pilgerströme sind schon lang versiegt, doch in einer Frage dürften sich ausnahmsweise heidnische Germanen, die katholische Kirche und Karl der Große immer einig sein: Linden und heilige Orte gehören untrennbar zusammen.

# LOB DER NAMENLOSEN ...

48.850088, 12.883589

Manchmal frage ich mich, wie viele besondere und faszinierende Bäume buchstäblich vor der eigenen Nase wachsen und doch übersehen werden. Ich fasse mich folglich an selbiger und berichte hier von einer gewaltigen Eiche, an der ich jahrelang und unzählige Male auf der Autobahn A3 vorbeigerast bin, ohne je die nahe Ausfahrt Metten zu nehmen und den Baum zu besuchen. Obwohl ich mir immer dachte: „Eigentlich könnte ich doch mal ... Na ja, vielleicht nächstes Mal, wenn mehr Zeit ist."

An einem Abend im Juni habe ich mich dann durchgerungen und die noch bevorstehende längere Autofahrt unterbrochen. Der Baum war gar nicht schwer zu finden, und bereits nach einigen hundert Metern Feldweg stand ich überraschend schnell vor der monumentalen Eiche.

Ich war überwältigt und hatte nicht damit gerechnet, dass die Eiche so gewaltig sein würde. Mächtig ragte sie in der beginnenden Dämmerung auf, unfassbar nah an der Autobahntrasse, ein sich tief gabelnder Stamm von dichtem Unterholz umgeben.

Vielleicht lag es an der Mischung aus nachlassendem Tageslicht und monoton vorbeirauschendem Autobahnlärm, dass sich schnell eine gewisse Traurigkeit bei mir einstellte: Eine imposante Eiche, wie sie unseren Vorfahren sicher heilig gewesen wäre, fristet hier buchstäblich am Rande unserer schnelllebigen Gesellschaft ihr Dasein.

Aber ist dem wirklich so? Das Überleben dieser Eiche so nahe an einer der wichtigsten europäischen Verkehrsschlagadern grenzt für mich an ein Wunder. Wahrscheinlich sind im 20. Jahrhundert mehr Eichen der Straßenplanung zum Opfer gefallen als dem Blitz. Bereits in der NS-Zeit begannen die raumgreifenden Erdarbeiten für die „Nibelungen-Autobahn", dem heutigen A3-Abschnitt zwischen Deggendorf und Passau, ohne dass der Eiche etwas passiert ist. Ab 1968 wurde die Autobahn mit geänderter Trassenführung fertiggestellt, und die Eiche blieb abermals stehen.

Ein kleines Wunder, das Mut macht. Vielleicht steht die Eiche ja insgeheim doch unter dem Schutz der alten Götter. Oder bringt ihr ein völlig verrostetes Hufeisen nahe der Stammbasis seit Jahrzehnten Glück? Ich weiß es nicht, aber entscheide nach kurzem Zögern, das Hufeisen nicht mitzunehmen, sondern auf jeden Fall bei der Eiche zu lassen. In Zeiten der globalen Erwärmung und des Massenauftretens des Eichenprozessionsspinners kann es die alte Stieleiche noch gut gebrauchen und wird vielleicht dann noch stehen, wenn asphaltierte Autobahnen nur noch aus Geschichtsbüchern bekannt sind.

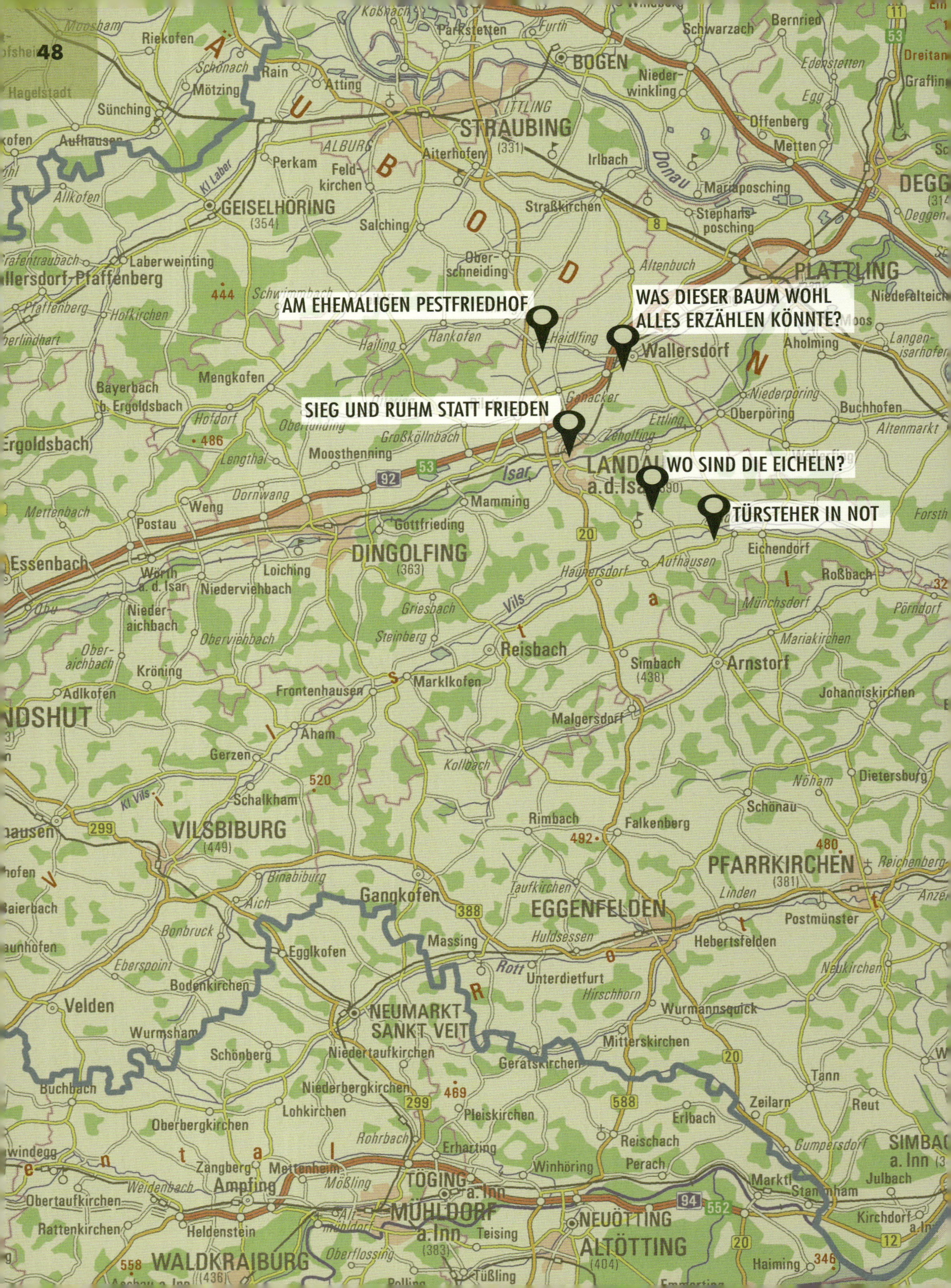
AM EHEMALIGEN PESTFRIEDHOF
WAS DIESER BAUM WOHL ALLES ERZÄHLEN KÖNNTE?
SIEG UND RUHM STATT FRIEDEN
WO SIND DIE EICHELN?
TÜRSTEHER IN NOT
STRAUBING
BOGEN
GEISELHÖRING
PLATTLING
Wallersdorf
LANDAU a.d.Isar
DINGOLFING
Reisbach
Arnstorf
VILSBIBURG
EGGENFELDEN
PFARRKIRCHEN
NEUMARKT SANKT VEIT
Gangkofen
TÖGING a.Inn
MÜHLDORF a.Inn
NEUÖTTING
ALTÖTTING
WALDKRAIBURG
Isar
Vils
Donau
Rott

# LANDKREIS DINGOLFING-LANDAU

Die 1638 geweihte Sebastiani-Kapelle

# WAS DIESER BAUM WOHL ALLES ERZÄHLEN KÖNNTE?

Gerade bei den uralten und gewaltigen Bäumen drängt sich vielen Menschen diese Frage auf, und ganz ehrlich: mir auch. Die schöne alte Linde am Sebastianikirchlein, eine von mehreren großen, dabei keineswegs gewaltigen Linden, wirkt gar nicht so, als hätte sie so viel zu erzählen.

Immerhin wurde die kleine Kirche auf dem neu angelegten Pestfriedhof schon 1638 erbaut. Der Linde, zu jung, um damals schon dabei gewesen zu sein, ist der Anblick der Leichenkarren erspart geblieben, welche regelmäßig die Opfer des Schwarzen Todes aus dem nahen Wallersdorf hierher brachten.

Viele Jahrhunderte später, die Linde war schon zu einer imposanten Kirchlinde herangewachsen, kehrte unvorstellbares Grauen an diesen wunderschönen Ort zurück. Gar nicht weit vom Sebastianikirchlein befand sich das berüchtigte Außenlager Nr. 552 des KZs Flossenbürg. Konzentrationslager waren

48.7259263, 12.7363719

stets schreckliche Orte, aber Außenlager Ganacker, wie es auch genannt wurde, übertraf offenbar das Gros der Lager an Grausamkeit. Beim Schreiben geht mir eine Aussage eines der wenigen Überlebenden nicht aus dem Kopf: Israel Offmann überlebte nicht nur Lager 552, sondern auch seine Deportation nach Auschwitz. Er sagte in einem Rundfunkinterview: „Auschwitz war ein 5-Sterne-Hotel und Ganacker war die Hölle.“ Ich spüre, dass ich eine solche Aussage nur unkommentiert stehen lassen möchte, nicht weiter fragen will und ich mir weder die Hölle von Auschwitz noch die vom Außenlager Ganacker auch nur ansatzweise vorstellen kann.

Deshalb nur einige trockene Fakten – das kurzlebige Außenlager bestand nur von Oktober 1944 bis April 1945. Zweck war es, Arbeitssklaven für einen nahen Fliegerhorst zu stellen – zuletzt wurde in Ganacker noch eine Betonstartbahn für den „Sturmvogel Me 262“ gebaut, den ersten Kampfjet der Geschichte, der mit seinen Strahltriebwerken eine neue Ära des Luftkampfs einläuten sollte. Der Bauaufwand, der für die düsengetriebene Wunderwaffe betrieben wurde, war enorm – der für die jüdischen Zwangsarbeiter so gut wie nicht vorhanden. Die hausten zu Hunderten in mit Stroh ausgelegten Erdhöhlen mit Zeltdach.

Vom ehemals 120 Hektar großen Areal des Fliegerhorsts Ganacker ist heute ebenso wenig zu sehen wie vom Außenlager. Beides wurde in den 60er Jahren endgültig abgebrochen, die Flächen werden seitdem wieder landwirtschaftlich genutzt.

Die vielen Toten des Lagers waren in den Wäldern der Umgebung notdürftig verscharrt worden, 149 von ihnen hat man nach Kriegsende am nahen Sebastianikirchlein begraben.

Heute befinden sich zwei Gedenksteine neben der Kirche im Schatten alter Linden, von der Straße aus weist ein Schild den Weg zur „KZ Gedenkstätte Ganacker“ und damit zu der großen Linde, die mich zu diesem Ort geführt hat.

Was dieser Baum alles erzählen könnte? Vielleicht ist es besser, dass die alte Linde auch schweigen kann.

# AM EHEMALIGEN PESTFRIEDHOF

48.739207, 12.693859

Mit diesen Worten wurde mir der Standort der malerischen Eiche bei Haidenkofen erstmals beschrieben. Schon aus der Ferne fällt die kleine Kapelle im Schatten einer gewaltigen Eiche auf. Ein Friedhof ist weit und breit nicht zu sehen, nur ein schmaler Gehölzstreifen, der die Äcker trennt.
Auch beim Näherkommen erinnert nichts an einen Friedhof. Wie die meisten Pestfriedhöfe wurde auch dieser während einer der großen Seuchen angelegt, die als Schwarzer Tod in die Geschichte eingingen. In Wellen wurde Deutschland ziemlich genau zwischen 1348 und 1648 so heftig von der Pest heimgesucht, dass die Friedhöfe an den Kirchen die Toten nicht mehr fassen konnten.

Außerhalb wurden dann neue Friedhöfe eingerichtet, oft eher Massengräber als Friedhöfe. Auf Pestfriedhöfen wurden häufig keine Gräberreihen angelegt, sondern große flache Gruben ausgehoben, in die man die Leichenkarren entleerte. Bisweilen bedeckte man die Toten mit einer Schicht Kalk, sobald die Grube gefüllt war, und schaufelte dann Erde darauf. Anschließend hob man ein Stück weiter die nächste Grube aus …

Als vor rund 250 Jahren die große Seuche begann, sich endgültig aus Europa zurückziehen, setzte damit auch ein so starkes Bevölkerungswachstum ein, dass die ortsnahen und leicht erweiterbaren Pestfriedhöfe zum dauerhaften Ersatz für die räumlich begrenzten Kirchhoffriedhöfe wurden. Die weit draußen liegenden Pestfriedhöfe, wie den von Haidenkofen, gab man zu dieser Zeit auf.

Einzelne Pestkreuze, Kapellen oder eben imposante Eichen markieren bis heute diese Plätze.

# WO SIND DIE EICHELN?

48.6487992, 12.7615716

Die große Eiche bei Schlüpfing steht weithin sichtbar groß und mächtig auf einer eingezäunten Viehkoppel.

Früher waren Eichen und Buchen beliebte Hutebäume auf Viehweiden, also Bäume, deren herbstliche Fülle an Eicheln und Bucheckern für die Ernährung des Viehs fest einkalkuliert war.

Ob das bei dieser Eiche früher der Fall war? Oder ist sie einfach als stolzer Hofbaum gepflanzt worden? So oder so ist die Landwirtschaft längst viel zu intensiv geworden, um ernsthaft auf den Fruchtansatz von Weidebäumen zu bauen.

Ich besuchte die Eiche in der zweiten Oktoberhälfte 2021 und fand eine eichellose Eiche vor – weder unter dem Baum noch an den Zweigen schien sich eine einzige Eichel zu befinden. Damit stellte die schöne Eiche von Schlüpfing keine Ausnahme dar. Die meisten Eichen Deutschlands fruchteten in diesem Jahr kaum. Denn das Jahr 2021 war keines der sogenannten Vollmastjahre der Eiche: Nur alle 6 bis 12 Jahre fruchten Eichen in Deutschland stark. Das letzte Vollmastjahr der Eiche war 2020. Wer erinnert sich daran, wie in jenem Herbst der Boden unter Eichbäumen mit Eicheln übersät war, wie entnervte Gartenbesitzer die Eicheln säckeweise entsorgten oder wie lästig die Eicheln auf parkende Autos herabregneten?

Eine derart üppige Produktion potentieller Nachkommen fordert ihren Tribut, und die Bäume müssen im Folgejahr Kraft schöpfen, so dass der Fruchtansatz fast völlig ausbleibt. Danach folgen einige Jahre mit recht wenigen Eicheln, bis wieder ein Mastjahr ansteht.

Biologisch betrachtet macht dieser Rhythmus durchaus Sinn, denn erstens sind Eichen sehr langlebige Bäume, die gar nicht in jedem Jahr Nachkommen benötigen, um sich erfolgreich fortzupflanzen. Und zweitens hebeln die Bäume in Jahren mit wenigen Eicheln geschickt die größte Bedrohung aus, der der Eichennachwuchs ausgesetzt ist: nämlich die zahlreichen hungrigen Tiermäuler. Eicheln sind nicht nur für Schweine und ihre wilden Vorfahren eine Delikatesse, sondern auch für Eichelhäher, Eichhörnchen und vor allem zahlreiche Insekten, deren Larven in reifenden Eicheln heranwachsen. Wechseln starke und schwache Eicheljahrgänge ab, können sich die Eichelfresser nie an ein gleichbleibendes Nahrungsangebot anpassen und sich zu stark vermehren. In einem Jahr wie 2021 verhungern viele von ihnen, und bis zum nächsten Mastjahr bleibt ihre Anzahl so gering, dass sie den dann anfallenden Überfluss an Eicheln nicht mal bewältigen könnten, wenn sie wollten. Dies sind dann die Jahre, in denen viele Eichensämlinge ins Leben starten. Vielleicht werden unsere Urururururenkel im Jahre 2222 auffallend viele große Eichen aus dem Mastjahr 2021 bestaunen. Sie dürften dann in etwa so aussehen wie die rund 200-jährige Eiche von Schlüpfing heute.

# SIEG UND RUHM STATT FRIEDEN

48.668766, 12.691487

„Der Sieg und Ruhm, den Landaus Söhne mit errungen, der Todesseufzer, der aus ihrer Brust geklungen, er wird in unserem Herzensgrund so oft erstehen, so oft wir an der Eiche hier vorübergehen.“

Mit diesen Worten wurde die 1871 gepflanzte Friedenseiche 1907 am Vorabend des ersten Weltkriegs beschrieben. Allzu friedlich klingt das nicht – aber sehr friedlich war der Anlass, aus dem heraus die sogenannten Friedenseichen gepflanzt wurden, wahrlich nicht.

Der deutsch-französische Krieg von 1870/1871 endet mit einer vernichtenden Niederlage Frankreichs und der Deutschen Reichsgründung. Die unterlegene Grande Nation wird mit der Krönung des Deutschen Kaisers Wilhelms I. im Spiegelsaal von Versailles zusätzlich gedemütigt.

Zahlreiche „Deutsche Eichen“ pflanzen Bürgermeister, Schulklassen und Vereine im Siegesjahr 1871. Die imposante Eiche von Landau ist eine davon. Kaum jemand kommt auf die Idee, eine herzblättrige Linde als Friedenssymbol zu pflanzen. Nein, niemand interessiert sich wirklich für den Frieden, es geht um die Demonstration von Stärke, Vaterlandsstolz und Siegesbewusstsein.

Ganz Europa wird in den folgenden Jahrzehnten zusammen mit dem neu gegründeten Deutschen Kaiserreich – später als Zweites Reich bezeichnet – in den Ersten Weltkrieg taumeln. Als Preis des nationalen Glücksrausches werden weltweit knapp 10 Millionen Soldaten ihr Leben lassen.

Dieser erste echte Weltkrieg endet 1918 mit der Kapitulation Deutschlands – abermals im Spiegelsaal von Versailles. Mit der Abdankung von Wilhelm II. ist das Kaiserreich nach rund 50 Jahren schon wieder Geschichte. Der harte Friede von Versailles vergiftet die Nachkriegszeit und lässt den Hass zwischen den ehemaligen Kriegsparteien nur noch wachsen. 1918 werden in Deutschland keine Friedenseichen gepflanzt, dafür in den Jahren 1933 und 1934 zahlreiche Adolf-Hitler-Eichen. Die meisten davon sind heute fast vergessen, so wie die Geschichte der Friedens - eiche von Landau.

Dafür darf die Eiche den zweiten Weltkrieg unbeschadet überleben und im Gegensatz zur Kirche sogar die Beschießung der Stadt am 30. April 1945. Heute ist das gesunde große Naturdenkmal ein Blickfang und nahe der St.-Maria-Kirche ein Ort der Ruhe. Ein Denkmal für die Gefallenen der beiden Weltkriege mahnt in ihrem Schatten zum Frieden. Der alte Baum ist im 21. Jahrhundert doch noch zu einer Friedenseiche geworden.

# TÜRSTEHER IN NOT

*48.6291120, 12.8186420*

Ich hatte gebangt und gehofft, als mir ein Baumfreund von den riesigen Kapelleneschen bei Prunn berichtete. Es seien Eschen, wie es nicht mehr viele gebe im Land. Vor allem die eine habe Ausmaße, mit denen sie selbst die meisten Uraltlinden in den Schatten stelle.

Demensprechend groß war meine Neugierde, aber auch eine quälende Sorge. Würde ich die Eschen gesund vorfinden oder würden auch sie bereits vom grassierenden Eschentriebsterben gezeichnet sein?

Um es kurz zu machen: Als ich vor den majestätischen Bäumen stand, war ich einfach nur grenzenlos beeindruckt. Die größere der beiden ist definitiv die dickste Esche, die ich je in Bayern gesehen habe! Die Ausmaße der beiden grauen Stämme sind so gewaltig, dass aus manchen Blickwinkeln die von den Eschen flankierte Kapelle fast völlig verdeckt wird, und das, obwohl der kleine Sakralbau gar nicht so klein ist. Die beiden Eschen wirken wie Türsteher, mit denen man sich nicht anlegen mag.

Und der Gesundheitszustand? Leider zeigen auch diese einmaligen Eschen erste Anzeichen der tückischen Pilzerkrankung: Ihre Kronen sind dünn belaubt und obwohl der herbstliche Laubfall gerade erst beginnt, liegen auffallend viel Eschenblätter am Boden – die meisten mit den für die unheilbare Infektion typischen braunen Blattverfärbungen.

Woher die früher unbekannte Krankheit kommt? Die Experten sind unsicher, vermuten, dass der Pilz aus Ostasien eingeschleppt wurde. Sicher ist nur, dass die Krankheit 1992 erstmals in Polen, 2005 in Österreich und zwei Jahre später in Deutschland ausbricht. Die Seuche hat jetzt fast ganz Europa erreicht und bringt die majestätischen Bäume an den Rand des Aussterbens.

Besteht also keine Hoffnung für die Rieseneschen von Prunn? Eine Studie aus der Schweiz macht ein wenig Mut: gerade sehr dicke und alte Eschen halten der Krankheit oft viele Jahre lange stand. Mehr noch: Einige wenige von ihnen scheinen die Infektion zu überleben und binnen 7 bis 10 Jahren vollständig auszuheilen, so die Forstwissenschaftler.

Ich hoffe inständig, dass die dicksten Eschen Niederbayerns zu diesen wenigen Glücklichen gehören.

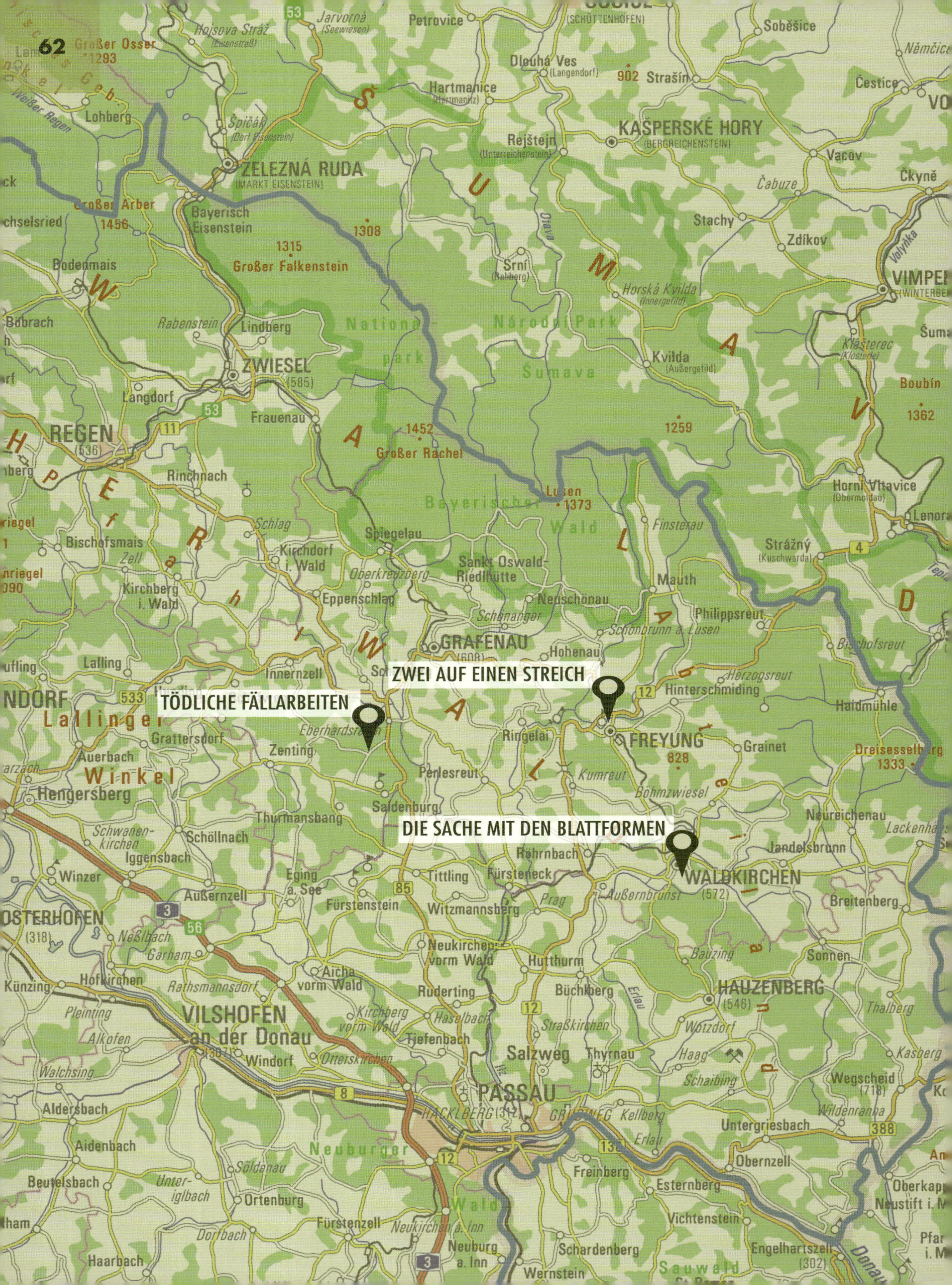

ZWEI AUF EINEN STREICH
TÖDLICHE FÄLLARBEITEN
DIE SACHE MIT DEN BLATTFORMEN
ŽELEZNÁ RUDA
KAŠPERSKÉ HORY
ZWIESEL
REGEN
GRAFENAU
FREYUNG
WALDKIRCHEN
HAUZENBERG
VILSHOFEN an der Donau
PASSAU
Großer Arber
Großer Falkenstein
Großer Rachel
Lusen
Nationalpark
Národní Park Šumava
Bayerischer Wald

# LANDKREIS FREYUNG-GRAFENAU

# TÖDLICHE FÄLLARBEITEN

Sie sieht wirklich beeindruckend aus, die alte Eiche von Hals, und trägt ihren Beinamen „Schöne Eiche" nicht von ungefähr. Runde 400 Jahre hat die Stieleiche ins Land gehen sehen und ist mit einem Umfang von 6,29 Metern die stärkste Eiche im Landkreis Freyung-Grafenau. Die Jahre haben den mächtigen Baum gezeichnet. Noch vor rund 35 Jahren schwärmte der Baumforscher Dr. Fröhlich von vier stammgleichen Starkästen, die damals eine unvergleichlich wuchtige Krone aufbauten. Heute ist die Krone der alten Eiche viel schlanker und besteht nur noch aus zwei der ursprünglich vier Riesenäste. Die beiden anderen sind schon vor Längerem im Sturm herausgebrochen. Dennoch ist die alte Eiche bei guter Gesundheit und wirkt besonders knorrig und malerisch, ein Monument der Beständigkeit und Vergänglichkeit mit gewaltigen Abbruchstellen in einigen Metern Höhe.

Dass ich beim Besuch der Eiche an Vergänglichkeit denke, hat noch einen weiteren Grund. Dicht am Stamm befindet sich ein Holzkreuz und daneben ein hölzernes Brett mit einigen Namen darauf. Es erinnert in seiner Schlichtheit an die hier im Bayerischen Wald üblichen Totenbretter.

Es wird einiger Holzfäller gedacht. Mehr steht nicht geschrieben. Ich weiß nicht, ob die genannten Männer bei der Waldarbeit zu Tode gekommen sind, aber es scheint naheliegend.

Es passt, gerade an dieser Eiche an Holzarbeiter zu erinnern, schließlich

48.797889, 13.339222

steht die Schöne Eiche von Hals auf einer alten Rodungsinsel und ist trotz ihres Freistands rundum von Wald umgeben.

Viele Menschen wissen gar nicht, dass auch heute noch Waldarbeit zu den gefährlichsten Berufen der Welt gehört. Im weltweiten Vergleich ist der Beruf des Waldarbeiters gefährlicher als der eines Bombenentschärfers, Stuntmans oder Löwenbändigers!

Auch wenn der Arbeitsschutz für Holzfäller gerade in Deutschland vorbildlich ist, ist das Verletzungsrisiko bei der Arbeit für Waldarbeiter außerordentlich hoch. Nach einer Erhebung der Sozialversicherung für Landwirtschaft, Forsten und Gartenbau ereignen sich in Deutschland jährlich mehr als 5000 Arbeitsunfälle bei der Waldarbeit, nur Dachdecker und Kraftfahrer verletzen sich noch häufiger.

Da erscheint es mir in einem eigenen Licht, dass unsere mitteleuropäische Kulturlandschaft eine Rodungslandschaft ist, also eine Landschaft, die im Mittelalter durch planmäßiges Fällen von Wäldern geschaffen wurde. Wie viele Bäume sind für all das Holz, das in Jahrhunderten in Häusern verbaut wurde, gefällt worden? Wie viel Brennholz wurde schon gemacht, seit die ersten Lagerfeuer in Europa brannten?

Und wie viele Menschen sind dabei ums Leben gekommen? Mit einem Holzbrett und einem Holzkreuz erinnert mich die Schöne Eiche daran.

# ZWEI AUF EINEN STREICH

48.813073, 13.543673

Gleich zwei Zeugnisse alter Volksfrömmigkeit begleiten die auf 400 Jahre geschätzte, malerische Linde auf der Anhöhe vor Schloss Wolfstein: Da ist ein am Stamm der Linde befestigtes altes Marterl. Schon mehrfach restauriert, hängt das überdachte Kreuz dort schon seit über 100 Jahren. Seit alters her werden Kreuze, Votivbilder oder Madonnenfiguren an Steinsäulen oder Bäumen befestigt. Der Anlass kann ganz unterschiedlich, freudig oder tragisch, sein. Mal ist es die Dankbarkeit für eine glücklich überstandene Krankheit oder für die gesunde Rückkehr eines Angehörigen aus dem Krieg, mal aber auch das Gedenken an einen tödlichen Unglücksfall. Oft gerät, so wie bei diesem geschnitzten Holzkreuz, der Anlass in Vergessenheit, während das Marterl weiter besteht und in Ehren gehalten wird.

Nicht weit vom Baum findet sich ein mittelalterliches Sühnekreuz aus Granit. Gewöhnlich sollten Sühnekreuze Vorübergehende dazu bewegen, für einen Menschen zu beten, der ohne Empfang der Sterbesakramente eines gewaltsamen Todes gestorben war. Für uns kaum vorstellbar, wurden zwischen den Tätern und den Angehörigen des Opfers regelrechte Sühneverträge ausgehandelt.

Einige davon sind bis heute erhalten und lassen einen recht nüchternen Blick auf die Entstehung eines Sühnekreuzes zu: In einem Sühnevertrag aus dem Jahre 1463 hat der Täter mit den Angehörigen ausgehandelt, dass er ein Sühnekreuz errichten, eine Messe mit zwei Priestern und 45 Gulden bezahlen und außerdem zwei Eimer Wein, 10 Pfund Kerzenwachs sowie zwei Hosen abliefern werde.

Ich gebe zu, ich war nach meinen Recherchen etwas desillusioniert über die recht pragmatisch ausgehandelte Errichtung vieler mittelalterlicher Sühnekreuze. Hatte ich mich bis dahin nur gefragt, wer hier wohl wen unter welchen Umständen wie ermordet hat, drängt sich mir jetzt auch noch die Frage auf, ob der Täter zusätzlich zum Sühnekreuz eher ein Fass Wein oder ein Fass Bier zu stellen hatte.

# DIE SACHE MIT DEN BLATTFORMEN

48.720790, 13.607146

Immer wieder einmal, vor allem im Herbst, wenn ich die Vielfalt und schiere Menge fallender Herbstblätter wie hier an der Lindenallee zur Karolikapelle bewundere, frage ich mich, warum nicht nur die Blätter unserer Baumarten so verschieden aussehen, sondern auch keine zwei exakt identischen Lindenblätter von den vor Jahrhunderten gepflanzten Linden fallen.

Warum sind die schönen Blätter der Linde herzförmig und gezähnt und die der Eiche gebuchtet? Von den gefiederten Blättern der Esche und den gelappten Ahornblättern ganz zu schweigen.

Interessanterweise haben die Biologen bis heute nur einige Teilantworten. Als gesichert gilt, dass die Blattformen viel mit dem natürlichen Lebensraum des jeweiligen Baums zu tun haben. So haben die Urwaldriesen am Amazonas fast durchweg glattrandige und ovale Blätter mit lang ausgezogener Spitze, um die enormen Regenmengen effektiv abzuleiten. Auch wird nicht angezweifelt, dass bei Waldbäumen wie der Buche die Schattenblätter größer sind als Blätter, die dem vollen Sonnenlicht ausgesetzt sind.

Sie merken es wahrscheinlich schon – all das erklärt nicht wirklich, warum die Blätter unserer Bäume so unfassbar vielfältig sind.

Heute gehen Genetiker davon aus, dass es einige sehr variabel gesteuerte Gene sind, die bei einer Pflanze das Wachstum der Zellen am Blattrand steuern. Ist beim Heranwachsen des Laubblatts die Teilungsfähigkeit der Zellen an einer Stelle hoch und in unmittelbarer Nachbarschaft gering, so entsteht durch das asymmetrische Wachstum erst ein gewellter Rand und schließlich ein Blatt mit Buchten wie bei der Eiche. Ist gerade an der Spitze des sich entwickelnden Blattes die Teilungsaktivität der Zellen hoch, so wird das Blatt mit einer deutlichen Spitze versehen, wie etwa bei der Sommerlinde. Da diese Gene bei verschiedenen Baumarten unterschiedlich ausfallen und sogar am gleichen Baum nicht für alle Blätter identisch gesteuert werden, gleicht auch kaum ein Blatt exakt dem anderen.

Der Sinn dieser ungeheuren Verspieltheit liegt für die Bäume vermutlich darin, ihre Blätter so variabel zu halten, dass diese im Laufe der Unwägbarkeiten der Erdgeschichte auf jedwede Veränderung der Umweltbedingungen vorbereitet sind.

Wer weiß, vielleicht sehen in 100.000 Jahren die Blätter an den Bäumen einer Lindenallee so aus wie Rotbuchen- oder Spitzahornblätter. Ob bis dahin überhaupt noch Nachkommen des heute lebenden Menschen existieren und diese gar Alleen pflanzen, halte ich allerdings für sehr fraglich.

Die 150 Meter lange und noch heute als Pilgerweg genutzte Lindenallee ist reich an besonderen Baumpersönlichkeiten. Es wird vermutet, dass die ältesten Linden aus der Bauzeit der 1711 geweihten Rokokokapelle stammen, also über 300 Jahre alt sind. Geweiht ist das schöne Bauwerk übrigens dem nur wenig bekannten Hl. Karl Borromäus – der einerseits Protestanten wegen Hexerei verbrennen ließ und andererseits sein Leben für die Pflege Pestkranker riskierte und es letztlich dadurch auch verlor.

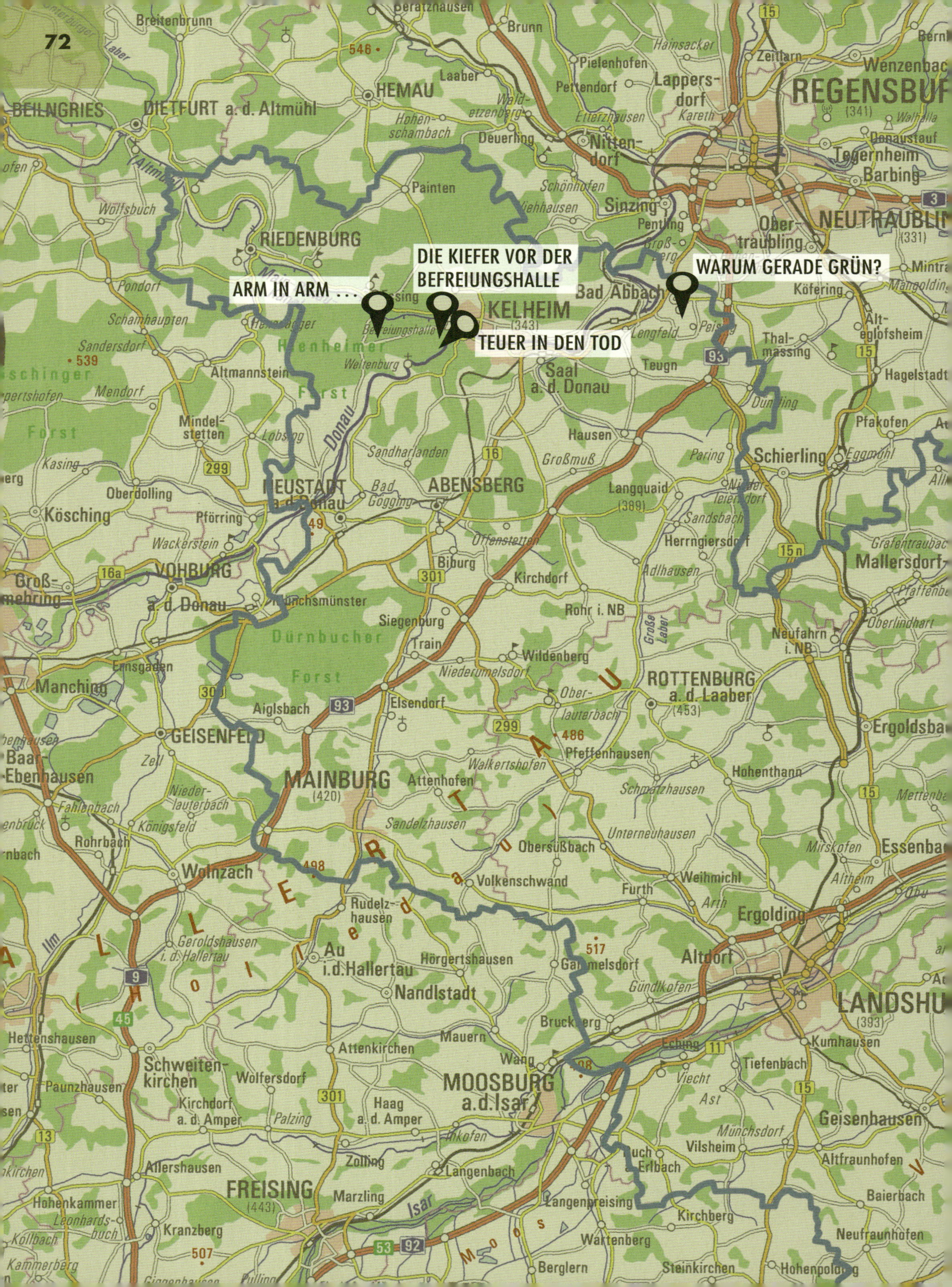
ARM IN ARM …
DIE KIEFER VOR DER BEFREIUNGSHALLE
TEUER IN DEN TOD
WARUM GERADE GRÜN?
REGENSBU
DIETFURT a. d. Altmühl
HEMAU
RIEDENBURG
KELHEIM
Bad Abbach
NEUSTADT a. d. Donau
ABENSBERG
VOHBURG a. d. Donau
ROTTENBURG a. d. Laaber
MAINBURG
GEISENFELD
MOOSBURG a. d. Isar
FREISING
LANDSHU
Schierling
Mallersdorf-
Dürnbucher Forst
HALLERTAU

# LANDKREIS KELHEIM

# WARUM GERADE GRÜN?

Normalerweise bleiben Spitzahornbäume ein gutes Stück kleiner als ihre rekordverdächtige Bergahornverwandtschaft. Der Spitzahorn in Bad Abbach ist die lebende Ausnahme von dieser Regel. Von einem Vorfahren der jetzigen Besitzer als einer ihrer Familienbäume gepflanzt, ist der Baum meines Wissens zum größten Spitzahorn Niederbayerns herangewachsen

Anfang Juni, als ich den riesenhaften Spitzahorn zum ersten Mal vor mir sah, war die Welt grüner als zu irgendeiner anderen Jahreszeit und ich konnte mich an der schieren Größe des Baums ebenso wenig sattsehen wie an den unendlichen Farbnuancen der jungen Ahornblätter.

Aber warum sind Blätter eigentlich grün und nicht etwa blau oder pink?

Verantwortlich ist natürlich der grüne Blattfarbstoff, das Chlorophyll. Aufgabe dieses Farbpigments ist es, Licht einzufangen und in der Fotosynthese für die Pflanzen nutzbar zu machen.

Von der einzelligen Alge bis zum Mammutbaum – alle Pflanzen leben vom Sonnenlicht, bauen mit dessen Energie aus Wasser und Kohlenstoffdioxid Traubenzucker auf – den Bau-, Brenn- und Betriebsstoff aller Lebewesen. Als Abgas entsteht dabei der für uns lebensnotwendige Sauerstoff. Es ist für mich kaum in Worte zu fassen, wie sehr die Fotosynthese chemisch betrachtet an ein Wunder grenzt. Etwas plakativ, aber chemisch gesehen gar nicht so falsch könnte man folgenden Vergleich anstellen: Pflanzen gelingt es, aus Asche wieder Holzscheite herzustellen, indem sie im Kamin mit Hilfe von Licht Wasser anzünden. Wasser und Kohlenstoffdioxid sind die finalen Abbauprodukte aller Lebensvorgänge – aus diesen Abfallstoffen, Traubenzucker, den Lebensstoff schlechthin, herzustellen, ist eine gewaltige Leistung der grünen Pflanzen und damit auch des Chlorophylls.

Warum aber Chlorophyll grün ist, haben wir noch nicht geklärt. Physikalisch betrachtet, ist Sonnenlicht aus verschiedenen Spektralfarben zusammengesetzt, die wir mit unseren Augen nur dann als getrennt wahrnehmen können, wenn Lichtstrahlen durch ein Prisma oder durch feine Wassertröpfchen zum Regenbogen aufgefächert werden. So weit, so gut.

Chlorophyll hat nun die etwas seltsame Eigenschaft, nicht mit allen Farbanteilen des sichtbaren Sonnenlichts etwas anfangen zu können. Speziell grünes Licht bleibt ungenutzt und wird reflektiert, so dass Chlorophyll für uns grün aussieht: Laubblätter wirken wie Spiegel für grünes Licht, das sie einfach zurückschicken und damit unsere Augen erfreuen.

Warum nutzen Pflanzen nicht alle Farbanteile des Sonnenlichts in gleicher Weise und haben diese Grünschwäche? Einen Vorteil haben die Gewächse nach derzeitigem Wissenstand davon jedenfalls nicht.

Nutzten Pflanzen alle Farbanteile des Sonnenlichts vollständig, dann sähe die Welt für unsere Augen recht düster aus: Wanderungen über tiefschwarze Wiesen und Waldspaziergänge unter dunklen, schwarz belaubten Baumkronen, auch tagsüber meist mit Taschenlampe. Ich für meinen Teil bin richtig froh, dass unsere Bäume, Gräser und Kräuter konsequent grünblind sind.

# TEUER IN DEN TOD

48.9076540, 11.8455430

Die wunderschönen alten Eiben vom Michelsberg bei Kelheim sind wirklich etwas ganz Besonderes. Nicht nur, weil sie über die Jahrhunderte zu wunderschönen Baumpersönlichkeiten herangewachsen sind, sondern vor allem, weil in dem alten Buchenbestand so viele von ihnen zu finden sind.

Für mich ist deshalb die Fototour an den steilen Hängen des Michelsbergs eine Art botanische Zeitreise. Dazu muss man wissen, dass die Eibe nie häufig in unseren Wäldern vorkam. Sie war immer als anspruchsvoller Baum feuchten Laubwäldern beigemischt. Dort unterbrach die schattenverträgliche Eibe mit dem dunklen Grün ihrer Nadeln die Monotonie der gewaltigen Säulenhallen aus Buchen- und Eichenstämmen. So wie hier am Michelsberg.

Leider hatten solche Wälder bereits im Mittelalter Seltenheitswert, denn Eibenholz war so wertvoll, dass es in ganz Europa gehandelt wurde. Den mit Abstand größten Bedarf hatte dabei England. Der berühmte englische Langbogen war auf den britischen Inseln nicht nur Erkennungszeichen des legendären Nationalhelden Robin Hood, sondern vor allem hochpreisige Präzisionswaffe der königlichen Bogenschützen. Deren Langbogen, der deshalb so hieß, weil seine Länge ungefähr der Körpergröße des Schützen entsprach, war bis in die beginnende Neuzeit die tödlichste und treffsicherste Distanzwaffe. Bei einem Zuggewicht von rund 40 Kilogramm musste der Bogenschütze einiges an Muskelschmalz aufwenden. Belohnt wurden diese Kraftakte mit einer Durchschlagskraft, die nicht mit der eines modernen Sportbogens vergleichbar ist: Kettenhemden oder Ritterrüstungen konnten ebenso problemlos durchdrungen werden wie mehrere Zentimeter dicke Eichenschilde.

Kein Wunder, dass der Ruf der englischen Bogenschützen so legendär war, dass sie immer wieder als teure Spezialeinheiten für die Kriegsschauplätze des Kontinents angeheuert wurden.

Der Preis, den die europäischen Eibenbestände dafür zahlten, war enorm: Bereits 1568 stellte der Kaiserliche Rat in Nürnberg fest, dass es in ganz Bayern keine hiebreifen Eiben mehr gäbe und so der lukrative Eibenholzexport nach England nicht mehr aufrechtzuerhalten sei.

Wälder wie am Michelsberg existierten nicht mehr. In den folgenden Jahrhunderten ersetzten zwar die Feuerwaffen den Eibenholzbogen, doch in den immer

Die fast 25 Meter hohe Rekordeibe

intensiver genutzten und ausgebeuteten Wäldern konnte die langsam wachsende Eibe nicht mehr Fuß fassen.

So grenzt es an ein Wunder, dass heute noch Wälder wie dieser bei Kelheim existieren. Wälder, die Jahrhunderte lang so wenig oder so nachhaltig bewirtschaftet wurden, dass dort heute wahre Eibenschätze zu finden sind. Unter Umständen sogar ein nationaler Champion: Es heißt, die höchste Eibe Deutschlands stehe in Nordrhein-Westfalen, auf einem Rittergut, nicht weit von Düsseldorf. 24,50 Meter ist sie hoch – für die an sich niedrig und unter dem Kronendach anderer Bäume bleibenden Eiben ist das sehr hoch. Am Michelsberg, dort wo der Abhang am steilsten ist, schon relativ nahe am Ufer der Donau, wächst eine Eibe, die noch einige Zentimeter höher an der 25-Meter-Marke kratzt und den Habitus eines großen Weihnachtsbaums aufweist. Aus der Ferne kann die unglaublich hohe Eibe leicht mit einer Fichte verwechselt werden.

Die britische Sagengestalt Robin Hood hätte ihre helle Freude an dieser imposanten Eibe gehabt – immerhin könnten aus dem holzreichen Stamm dieser kerzengerade gewachsenen Eibe nicht nur für ihn, sondern auch für all seine Gefährten Langbögen gefertigt werden. Der Bogenschütze in grünen Strumpfhosen würde sich heute am wildromantischen Michelsberg ohnehin viel wohler fühlen als in seinem angestammten Sherwood Forest. Der wird nämlich im Gegensatz zum etwas unzugänglichen niederbayerischen Eibenwald von rund 500.000 Besuchern jährlich heimgesucht.

Eibenholzversorgung und die für einen Räuber lebensnotwendige Privatsphäre – der Michelsberg böte Robin Hood beides.

Den Michelsberg im Mündungsdreieck von Donau und Altmühl verbinden die meisten nur mit der 1863 fertiggestellten Befreiungshalle oder vielleicht noch mit den Spuren der riesigen keltischen Siedlungsanlage Alcimoennis. Die dort wachsenden alten Eiben sind zu Unrecht kaum bekannt.

Der Ludwigshain im Hienheimer Forst

# „ARM IN ARM …

## UND KRON AN KRONE STEHT DER EICHENWALD VERSCHLUNGEN. HEUT HAT ER BEI GUTER LAUNE MIR SEIN ALTES LIED GESUNGEN."

48.912611, 11.796993

Einfach perfekt traf vor rund 150 Jahren der Dichter Gottfried Keller die Stimmung in einem alten Eichenwald. Das freut mich schon deshalb, weil ich kaum weiß, wie ich die Magie des Eichen-Buchen-Walds am Ludwigshain inmitten des Hienheimer Forsts in Worte fassen soll.

Wie die wuchtigen Pfeiler einer gotischen Kathedrale streben massive 400 bis 500 Jahre alte Waldeichen- und Buchenstämme empor, die meisten von den Jahrhunderten gezeichnet. Der Waldboden wird in mystisches Dämmerlicht getaucht.

Irgendwo finden sich die Fundamentreste der Jagdhütte von König Ludwig III., dem der Wald seinen Namen verdankt.

Ich gebe zu, ich komme ins Schwärmen und denke gerade nicht an die ökologische Bedeutung von Eichen – immerhin 400 Insektenarten leben auf bzw. in alten Eichen, oder an die riesigen, in den gewaltigen Stämmen gebundenen Kohlenstoffdioxidmengen. Auch nicht an die unfassbare Zahl von 239 registrierten und zum Teil sehr seltenen Pilzarten, die im Ludwigshain vorkommen. Sie haben richtig gelesen: Zweihundertneununddreißig verschiedene Pilzarten wachsen hier und machen das rund 2,4 Hektar große Areal zu einem ökologisch unersetzlichen Biodiversitätshotspot. Auch als Biologe habe ich die Namen der besonders seltenen Bewohner des Ludwigshains noch nie gehört. Oder kannten Sie den Mosaik-Schichtpilz, der ausschließlich an sehr dicken, alten, toten Eichenstämmen vorkommt?

Nein, meine Gedanken schweifen weit in die Vergangenheit. Zwischen 1309 und 1311 wurden hier 29 starke Eichenstämme geschlagen, um aus ihnen das bis heute erhaltene mittelalterliche Chorgestühl des Kölner Doms zu fertigen. Noch weiter vor dieser Zeit lebten hier keltische Stämme und hinterließen ihre Wallanlagen und andere Spuren ebenso wie die Römer, die im Jahre 207 nach Christus die Steinmauer des Raetischen Limes mitten durch den Hienheimer Forst zogen. Bis heute finden sich Reste der römischen Wachtürme und vervollständigen für mich das Bild vom Märchenwald mit Märchenpilzen und Märchenmauern.

# DIE KIEFER VOR DER BEFREIUNGSHALLE

48.917778, 11.857667

… ist für mich ein Baum, der die Zeit als mächtige Größe erkennen lässt. Auf den ersten Blick scheint das gar nicht so viel Sinn zu machen, denn gerade unsere einheimische Waldkiefer verfügt über die Eigenschaft, auch im fortgeschrittenen Alter recht jugendlich zu wirken.

Das liegt maßgeblich daran, dass die durchschnittliche jährliche Zunahme des Stammumfangs bei Kiefern recht bescheiden ausfällt. Während selbst die angeblich so langsam wachsenden Eichen auf guten Böden rund 2,5 Zentimeter jährlich an Umfang zunehmen können und die modischen Paulownien oder Kiri-Bäume auf ihren KUP (=Kurzumtriebsplantagen) auch in Deutschland unglaubliche 45 Zentimeter (!) dicke Stämme in acht Jahren erreichen können, wirken auch 80 Jahre alte Kiefern noch rank und schlank.

Folglich sieht man auch der Kiefer vor der Befreiungshalle in Kelheim ihr Alter von 150 bis 200 Jahren nicht an.

Neben der Kiefer steht Christian Wolf: Förster im Ruhestand, Eibenspezialist und unermüdlicher Baumfotograf, ein steter Unterstützer meiner Baumgeschichten, der manchen Tipp zum neuen Buch beisteuerte und mich zu den Eiben am Michelsberg geführt hat, die ich ohne ihn nie entdeckt hätte.

Mit der schönen Kelheimer Kiefer ist mein Freund Christian auch ganz persönlich verbunden. 81 Jahre früher, im Oktober 1940, stand schon sein Vater Joseph Wolf in einer der damals topmodischen Knickerbockerhosen an der gleichen Stelle.

Welt und Mode haben sich seitdem stark verändert, viel stärker als die malerische Kiefer, die bei bester Gesundheit und mit ehrwürdigem Bänkchen versehen auch in weiteren 81 Jahren noch ein besonderes Fotomotiv sein kann. Denn ein Höchstalter von 300 Jahren erreichen Waldkiefern, so sie nicht der Säge zum Opfer fallen, regelmäßig, selten sogar 600 Jahre.

Der Name Kiefer hat rein gar nichts mit dem Zähne tragenden Kieferknochen zu tun. Im ausgehenden Mittelalter wurde aus den Wörtern „Kien" für harziges Holz und „Föhre" zuerst die Kienföhre und aus dieser im 16. Jahrhundert die Kiefer.

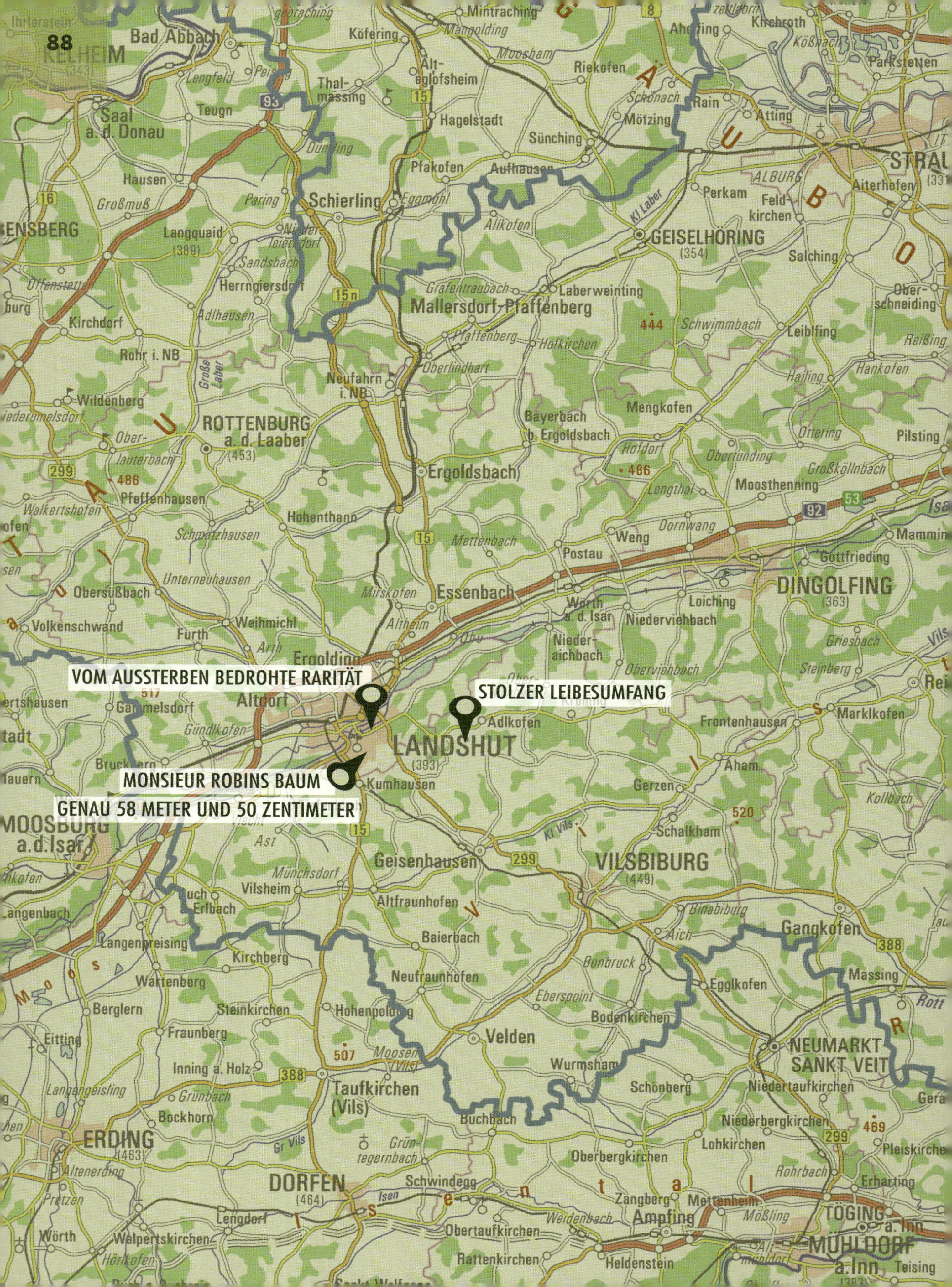

VOM AUSSTERBEN BEDROHTE RARITÄT
STOLZER LEIBESUMFANG
MONSIEUR ROBINS BAUM
GENAU 58 METER UND 50 ZENTIMETER
KELHEIM
ROTTENBURG a. d. Laaber
GEISELHÖRING
DINGOLFING
LANDSHUT
VILSBIBURG
MOOSBURG a.d.Isar
ERDING
DORFEN
NEUMARKT SANKT VEIT
TÖGING a. Inn
MÜHLDORF a.Inn

# LANDKREIS LANDSHUT UND STADT LANDSHUT

# MONSIEUR ROBINS BÄUME

48.532102, 12.153571

Nein, hier im Landshuter Hofgarten recken sich keine einzelnen, ehrwürdigen und umfangstarken Altbäume kantig und charaktervoll in die abendliche Junisonne, sondern gleich ein ganzes Grüppchen von urigen Akazien, wie die Nordamerikanischen Pionierbäume botanisch etwas hemdsärmelig auch genannt werden.

Robinien werden nicht so riesige Bäume wie Eichen oder Linden und selbst die dicksten und ältesten unter ihnen erreichen kaum mehr als vier Meter Umfang. Außerdem sind sie niemals älter als 400 Jahre. Warum weiß man das so genau? 1601 hat Jean Robin, der Hofgärtner des französischen Königs Heinrich IV. (ja, genau, der mit der berüchtigten „Bluthochzeit"), die ersten beiden Robinienbäumchen von Virginia nach Paris gebracht und sie dort gepflanzt, wo die Bäume übrigens heute noch stehen, einer davon nicht weit von der Kathedrale Notre Dame.

Die ältesten Bäume Deutschlands sind rund 100 Jahre jünger.

Im Berliner Umland sowie in Dresden und Leipzig gibt es sogar in Stadtnähe ganze Robinienwälder. Diese Wälder erzählen ihre ganz eigene Geschichte von Krieg, Bomben, Trümmern und Wiederaufbau. Weil die Robinie auf trockenen Schutthalden schneller wächst als andere Bäume, hat sie nach 1945 in den zerstörten Städten ganze Wälder gebildet und damit wieder Grün in das Grau der Trümmer gebracht. Manche dieser Trümmerwälder bestehen bis heute und sollen vielleicht als Natur-Zeitzeugen unter Schutz gestellt werden.

So gehört diese Baumart mittlerweile zu unserer Geschichte und zu unserer Baumwelt, auch wenn sich an ihr heute die Geister scheiden: Einerseits werden die durchsetzungsfähigen und ausbreitungsfreudigen Bäume von vielen Naturschützern als invasive Eindringlinge gesehen, die einheimische Baumarten verdrängen können. Andererseits sind die spät blühenden Robinien wichtige Bienenweiden und kommen mit der globalen Erwärmung sehr gut zurecht. Da der umstrittene Baum des Jahres 2020 auch noch ausgelaugte Böden mit Stickstoff anreichert und so verbessert, finde ich persönlich zumindest, dass es Monsieur Robin damals gut gemacht hat.

# GENAU 58 METER UND 50 ZENTIMETER

48.530392, 12.157526

… misst der höchste Tulpenbaum der Welt im US-Bundesstaat North Carolina und gehört damit zu den höchsten Laubbäumen der Welt.

Zugegebenermaßen ist davon der Tulpenbaum im Landshuter Hofgarten noch weit entfernt. Aber mit seinen genau 36 Metern Höhe gehört auch er zu den sehr hohen Laubbäumen im Lande und lässt mit seiner elegant kraftvollen Statur erahnen, wie beeindruckend seine amerikanischen Schwestern und Brüder erst wirken mögen.

Seit 1663 werden die auffallenden Bäume mit den wunderschönen, magnolienähnlichen Blüten in europäischen Parks als Blickfang gepflanzt.

Auffallender noch als die meist hoch oben in der Krone versteckten Blüten sind die seltsamen Blätter, die immer ein wenig wirken, als hätte man an einem Ahornblatt mit der Schere herumgeschnitten.

Und obwohl der Tulpenbaum der erklärte Lieblingsbaum des ersten US-Präsidenten George Washington war, spielen ästhetische Betrachtungen in der Heimat des Tulpenbaums heute eine untergeordnete Rolle, ist er doch einer der wichtigsten Forstbäume des amerikanischen Ostens. Von Brettern über Fenster und Bleistifte bis zu Särgen wird aus dem „American Whitewood" fast alles gefertigt, was man aus Holz herstellen kann.

Übrigens spiele ich schon lange mit dem Gedanken, einen Tulpenbaum zu pflanzen. Nein, leider nicht im eigenen Garten, der ist, vorsichtig ausgedrückt, schon zu großzügig mit Bäumen bestanden, sondern auf einem kleinen, feuchten Wiesengrundstück direkt am Bachufer. Dort dürfte sich der feuchtigkeitsliebende Exot, der in seiner Heimat auch „tulip poplar", also Tulpenpappel, genannt wird, wohl fühlen und rasch heranwachsen. Ich mag den Gedanken, dass er auf der kleinen Waldwiese für die nächsten 400 Jahre die Blicke auf sich zieht. So alt werden nämlich die schönen Bäume in ihrer amerikanischen Heimat. Sollten es doch nur 300 Jahre werden, könnte ich damit auch leben. Das scheint nämlich das erreichbare Höchstalter der Tulpenbäume in Europa zu sein.

# VOM AUSSTERBEN BEDROHTE RARITÄT

48.544624, 12.168106

Diese riesige Schwarzpappel in Landshut gehört zu einer einheimischen Baumart, die im 21. Jahrhundert viel seltener geworden ist als so mancher Exot.

Die Ergebnisse der jüngsten Erhebungen sind alarmierend: In ganz Deutschland gibt es nur noch schätzungsweise 55.000 Schwarzpappeln. Zum Vergleich: Es wachsen ungefähr 13,5 Milliarden Buchen und knapp 10 Milliarden Eichen in deutschen Wäldern.

Hauptsächlich liegt es daran, dass um 1775 erstmals die Amerikanische Schwarzpappel mit der einheimischen Schwarzpappel gekreuzt wurde.

Die deutsch-amerikanischen Co-Produktionen überraschten die Forstleute: Hybridpappeln sind noch anspruchsloser als ihre amerikanischen Eltern, die aufgrund ihrer Zähigkeit und Pioniereigenschaften schon zu den Nationalbäumen von Kansas und Wyoming erklärt wurden. Aber damit nicht genug: Die neue Kreuzung übertraf auch in ihrer Schnellwüchsigkeit, Geradstämmigkeit und Masseproduktion die in dieser Hinsicht schon gewaltige einheimische Schwarzpappel.

Dass die Neuzüchtungen trotz ihrer gigantischen Ausmaße eher die Kurzlebigkeit der US-Pioniere geerbt haben, nahm man billigend in Kauf. Pappelmonokulturen für die Billigholzproduktion brauchten nicht älter zu werden als maximal 80 Jahre. Kurz, die Bastardpappeln, wie man sie auch nennt, waren und sind wirtschaftlich interessanter als die Schwarzpappel.

Wenn wir also die vielen großen Pappeln an unseren Bächen und Flüssen sehen, sind es fast ausnahmslos solche Hochleistungshybriden.

Die Schwarzpappel hat sich so leise aus unserer Kulturlandschaft verabschiedet, dass es kaum jemand bemerkt hat. Ihre eigene Fruchtbarkeit ist ihr dabei noch zum zusätzlichen Verhängnis geworden. Schwarzpappeln kreuzen sich so leicht mit Hybridpappeln, dass manche Biologen davon ausgehen, dass die meisten überlebenden Schwarzpappeln in Wirklichkeit Mischlinge darstellen.

Auf den ersten Blick könnte uns das fast gleichgültig sein, zumal die wenigsten Menschen Schwarzpappeln und Hybridpappeln überhaupt unterscheiden können.

Es ist dabei gar nicht so, dass alternde, am Bachufer stehende Bastardpappeln ökologisch wertlos wären, wie in der Vergangenheit befürchtet. Auch auf ihnen leben zahlreiche Flechten und Insekten, so dass viele Vögel dort Nahrung finden.

Das Problem liegt eher in der Art der Bewirtschaftung. Pappelmonokulturen sind artenarm und ökologisch kaum wertvoller als ein Kartoffelacker. Und Monokulturen lassen sich eben nur mit den abenteuerlichsten Pappelkreuzungen, aber nicht gut mit der anspruchsvollen einheimischen Schwarzpappel anlegen.

Ich würde im Garten sofort eine Schwarzpappel pflanzen, wenn ich denn genug Platz hätte, um eine solche Riesin heranwachsen zu lassen. Dann würde ich mich am raschen Wachstum und auf einige der über 100 verschiedenen Schmetterlingsarten freuen, die von und mit der Schwarzpappel leben.

# STOLZER LEIBESUMFANG

Nein, es ist in unserer Gesellschaft nicht üblich, andere mit riesigem Leibesumfang zu beeindrucken. Und doch ist es kaum möglich, sich der Wirkung zu entziehen, die von den richtig DICKEN Bäumen ausgeht.

Ab wann gilt ein Baum eigentlich als richtig dick? Werfen wir doch einen kleinen Blick auf die Schwergewichtler. Fotografiert habe ich hier die Patzinger Linde bei Adlkofen, rund 10 Kilometer östlich von Landshut. Mit einem Stammumfang von 8,94 Metern ist sie der dickste Baum Niederbayerns. Die gewaltige Ausstrahlung der Riesin ist kaum im Bild zu erfassen.

Aber es geht noch mehr: In der benachbarten Oberpfalz beeindruckt die Wolframslinde bei Bad Kötzting mit ihren 12,21 Metern Umfang. Die berühmte Riesenlinde zu Heede in Niedersachsen übertrifft mit ihrem Umfang von 15,39 Metern diesen Wert deutlich und erreicht so den Titel „dickster Baum Deutschlands“. Gewaltig, oder? Doch der internationale Vergleich macht bescheiden:

48.5341518, 12.2464362

Der Rieseneukalyptus im Walpole–Nationalpark in Australien weist einen Stammumfang von 24 Metern auf und ist obendrein 75 Meter hoch. Afrika kann zwar nicht in der Höhe, aber doch im Umfang gut mithalten: Sagenhafte 28 Meter misst dort der stärkste Baobab.

Man ahnt es schon, das alles wird noch von den amerikanischen Superschwergewichtlern übertroffen: Ein als „General Sherman Tree" bekannter Bergmammutbaum erreicht bei einem Stammumfang von 30 Metern und einer enormen Höhe von 84 Metern den Titel massereichster Baum der Welt. Im Umfang wird er nur noch übertroffen vom legendären Arbul del Tule: einer riesenhaften mexikanischen Sumpfzypresse, die mit einem Umfang von 45 Metern jeden Baum in den Schatten stellt, an den ein Mensch je das Maßband gelegt hat.

Doch zurück zu der alten Linde bei Adlkofen: Mit ihrem Alter von 400 bis 500 Jahren ist der dickste Baum Niederbayerns obendrein einer der ältesten Bäume im Regierungsbezirk – wenn nicht sogar der älteste.

Warum die Linde dort gepflanzt wurde, weiß übrigens niemand so genau. Vielleicht aus Dankbarkeit für das Ende des 30-jährigen Krieges 1648? Damals wurden nachweislich viele Linden in Mitteleuropa gepflanzt. Möglicherweise handelt es sich bei der Patzinger Linde

um einen Richtbaum – also einen Baum, der Reisenden die Richtung angab. Der herausragende und weithin sichtbare Platz würde dafür sprechen.

Was auch immer die Wahrheit sein mag, in einem ist man sich schon lange einig, nämlich dass es sich um einen einmaligen und erhaltenswerten Baum handelt. Schon zwei Jahre vor dem Zweiten Weltkrieg wurde die Patzinger Linde nach dem Reichsnaturschutzgesetz zum Naturdenkmal erklärt. Als ein solches ist sie noch heute eingetragen und darf sich darüber freuen, dass man sie nicht im Übereifer der 50er bis 80er Jahre zu Tode saniert hat, wie manch andere Veteranin.

Heute wirkt die alte Winterlinde vital und macht auf mich den Eindruck, dass sie durchaus gewillt ist, noch einige Jahrhunderte lang ihren niederbayerischen Meistertitel zu halten.

Die Patzinger Linde bei Adlkofen

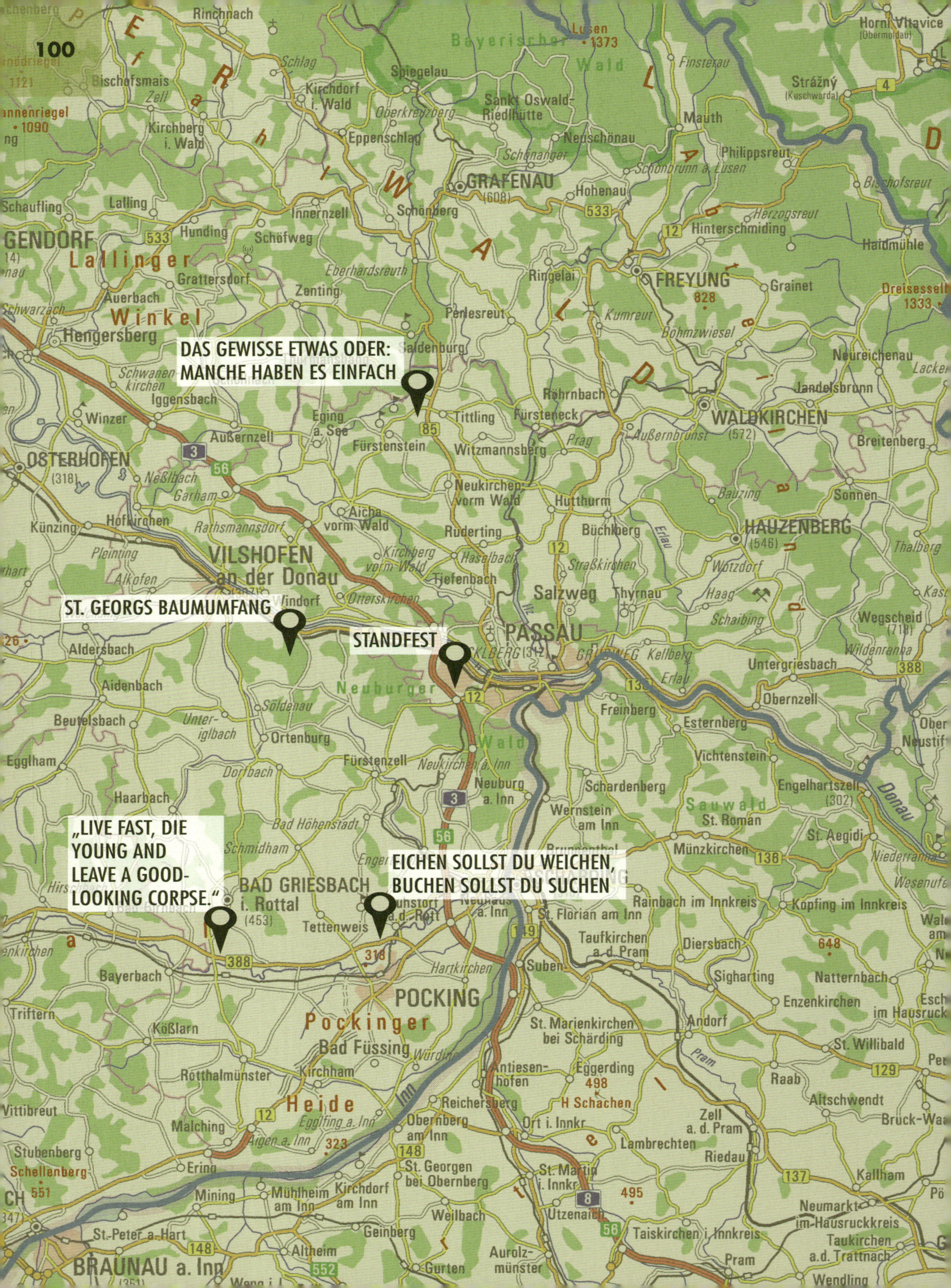
DAS GEWISSE ETWAS ODER: MANCHE HABEN ES EINFACH
ST. GEORGS BAUMUMFANG
STANDFEST
„LIVE FAST, DIE YOUNG AND LEAVE A GOOD-LOOKING CORPSE.“
EICHEN SOLLST DU WEICHEN, BUCHEN SOLLST DU SUCHEN
GRAFENAU
FREYUNG
WALDKIRCHEN
HAUZENBERG
OSTERHOFEN
VILSHOFEN an der Donau
PASSAU
BAD GRIESBACH i. Rottal
POCKING
BRAUNAU a. Inn
Bayerischer Wald
Lallinger Winkel
Neuburger Wald
Pockinger Heide
Sauwald
Donau
Inn

# LANDKREIS PASSAU UND STADT PAUSSAU

# STANDFEST

Die vielarmige, imposante Stieleiche in der Waidgasse bei Rittsteig ist mit einem Umfang von über 5,50 Metern der stärkste Baum Passaus. Der gesunde Baum steht direkt am Rand einer kleinen Straße, die beeindruckend überwölbt wird. Recht nahe bei der Eiche befinden sich Wohngebäude und private Gärten. Ich freue mich, dass Anwohner und zuständige Stellen zurecht in die Stand- und Sturmfestigkeit eines vitalen Altbaums vertrauen und das, obwohl auch diese auf ein Alter von 400 Jahren geschätzte, majestätische Eiche wahrscheinlich im Kern hohl ist.

Wie kann man eigentlich feststellen, ob und wie stand- und bruchsicher ein alter Baum ist? Vorweg, es ist gar nicht so einfach und nicht immer mit hundertprozentiger Sicherheit möglich. Nichtsdestotrotz finde ich faszinierend, was nach heutigem Wissensstand an Baumuntersuchungen machbar ist. Da können mögliche Windlasten und Tragkräfte von Stamm und Ästen berechnet werden, oder über Bohrungen werden Dicke und Zustand des Holzes ermittelt und sogenannte Versagenskriterien abgeschätzt. Durch kontrollierte Zugversuche mit Seilen können zum Beispiel die minimalen Veränderungen des Holzes unter Zug- und Druckbelastung gemessen und auf stärkere Ereignisse hochgerechnet werden.

Bei all diesen Verfahren kann sich durchaus zeigen, dass ein hohler Baum,

*48.581490, 13.365503*

dessen Kernholz im Laufe eines langen Lebens weitgehend von holzzerstörenden Pilzen abgebaut worden ist, immer noch hohe Standfestigkeit besitzt, da Hohlzylinder sehr widerstandsfähig gegenüber Biegebelastung sind.

Allerdings gilt die Stabilität hohler Bäume nur so lange als sicher, wie der Baum gut belaubt und bei bester Gesundheit ist. Denn nur dann kann er den fortschreitenden Holzabbau im Inneren durch gesundes Dickenwachstum seiner äußeren Stammschicht ausgleichen und für eine hinreichende Wandstärke des hohlen Stamms sorgen. Vitale Altbäume können dieses Gleichgewicht aus Holzabbau im Innern und Holzzuwachs außen jahrhundertelang aufrechterhalten!

Leider kann das sensible Zusammenspiel von Wachstum und Abbau leicht gestört werden: Oft reichen einige sehr trockene Sommer in Verbindung mit Wurzelverlust durch nahe Baumaßnahmen oder unsachgemäße Kroneneinkürzungen schon aus, dass der Baum zu wenig neue Holzmasse bilden kann und die Standsicherheit innerhalb weniger Jahre gefährlich abnimmt. Das betrifft glücklicherweise derzeit die Eiche bei Rittsteig nicht: Ihre Krone zeigt auch am Ende des Sommers statt Trockenheitsschäden sattes Grün und ist voll und dicht belaubt.

Der dickste Baum in Passau:
die Eiche in der Waidgasse

48.418631, 13.183448

# „LIVE FAST, DIE YOUNG AND LEAVE A GOOD-LOOKING CORPSE."

Mit diesem berühmt gewordenen Zitat aus dem Film-noir-Klassiker „Knock on any door" von 1949, könnte die Filmfigur des desillusionierten Gangsters Nick Romano auch die Silberweide gemeint haben.

Ich kenne keine andere Baumart, die so schnell zu derart gewaltigen und uralt wirkenden Baumriesen heranwächst wie die Silberweide. Und wenn Weiden gegen Ende ihres Lebens auf ihren knorrigen Stämmen Löwenzahn und kleinen Holunderbüschen Heimat bieten, dann wirken die feuchtigkeitsliebenden Giganten aus dem Auenwald wie aus einem Märchen.

Das ist eine beeindruckende Leistung für eine Baumart, die nur selten mehr als 120 Jahre alt wird. Linden und Eichen wirken auch mit Anfang 100 noch wie pubertär in die Höhe schießende, schlanke Baumteenager.

Die Silberweiden bei Schwaim, nicht weit von Bad Griesbach, sind auch für Weidenverhältnisse besonders imposant. Genau genommen sind es die gewaltigsten einstämmigen Weiden, die ich überhaupt kenne: Stammumfänge, die an der Achtmetermarke kratzen, bei Höhen von knapp 30 Metern.

Oft zerbrechen Weiden im Sturm – lange bevor sie zu solchen Riesen heranwachsen. Schuld daran sind die Eigenschaften von Weidenholz: Es ist weich, dabei wenig elastisch und leistet holzzerstörenden Insekten oder Pilzen kaum Widerstand. Dies ist leider gar keine gute Kombination, um ein hohes Lebensalter zu erreichen.

Außer vielleicht als Kopfweidenbaum – mit etwas menschlicher Hilfe klappt das doch mit dem Altwerden: Seit dem frühen Mittelalter werden Weiden zur Rutengewinnung geschnitten. Das hält die immer wieder gekappten und nachwachsenden Kronen so leicht, dass sie auch von morsch werdenden zerfallenden Stämmen noch sehr lange getragen werden können. Und so erreichen regelmäßig und mit Sachverstand zurückgeschnittene Kopfweiden ein deutlich höheres Alter als ihre freiwachsenden Riesengeschwister. Die älteste Kopfweide Deutschlands steht zwar in Sachsen und nicht in Niederbayern, ist dafür aber immerhin schon 200 Jahre alt.

Wenn einst die gigantischen Weiden von Schwaim zu gut aussehenden malerischen Baumleichen zusammenstürzen werden, könnte man aus ihrem wirtschaftlich unbedeutenden Holz ja noch sehr viele und sehr wirksame Zauberstäbe herstellen. Denn in der Welt von Harry Potter ist Weide eines der begehrtesten Zauberstabhölzer.

# ST. GEORGS BAUMUMFANG

48.591750, 13.247472

Die monumentale Stieleiche von Marterberg bei Vilshofen ist ein wahrer Gigant am Waldrand: Mit einer Höhe von 26 Metern und einem gewaltigen Kronenumfang von fast 100 Metern erblickt man die riesige Eiche schon von Weitem. Kommt man näher, zieht der massiv wirkende und rund sieben Meter Umfang messende Stamm die Blicke auf sich. Seine leichte Drehwüchsigkeit lässt ihn noch uriger erscheinen. Kurz: ein Monument von einer Eiche, das die durchaus gut gewachsenen Waldbäume in seiner Nachbarschaft zu Statisten degradiert. Unwillkürlich drängt sich mir die Frage nach dem Alter auf. Und ja, es fällt mir schwer, nicht den Verlockungen der magischen Zahl 1000 zu erliegen. Im Geiste sehe ich Kreuzritterheere und Pilger an der Eiche vorbei ins Heilige Land ziehen.

Genug geträumt: Tatsächlich dürfte die St.-Georgs-Eiche ganze 350 Jahre alt sein. Woher man das weiß? Nun, genau genommen weiß man es eben nicht. Niemand hat den Zeitpunkt der Pflanzung dokumentiert, und die übliche Altersbestimmung durch Zählen der Jahresringe scheidet bei dieser Eiche natürlich genauso aus wie bei fast allen anderen wirklich alten Eichen oder Linden. Der Grund: Die Stämme sind hohl. So beständig Eichenholz auch sein mag: Nach spätestens 300 Jahren, oft schon viel früher, beginnen Mikroorganismen, Pilze und später auch Insekten das harte Kernholz von innen her abzubauen. Für den Baum ist das nicht weiter schlimm. Seine lebenden Zellen befinden sich nur in der äußeren Holzschicht. Bäume können mit völlig ausgehöhlten Stämmen noch jahrhundertelang leben. Ja, nicht einmal die Standsicherheit muss gefährdet sein: Hohlzylinder sind nach dem Eulerschen Gesetz der Biegung massiven Zylindern sogar überlegen. Nur Jahresringe kann man bei den wahren Methusalems nicht mehr auszählen.

Also muss man ein wenig Detektiv spielen und kombinieren: Im Falle der Eiche von Marterberg sieht das so aus: 1990 hat der Baumforscher H. J. Fröhlich

einen Stammumfang von 6,40 Meter gemessen. 2017 betrug der Umfang genau sieben Meter. Also, 60 Zentimeter Zuwachs in 27 Jahren machen nach Adam Riese knapp über zwei Zentimeter pro Jahr oder eben sieben Meter in 350 Jahren.

Und was, wenn die Eiche früher viel schneller oder viel langsamer gewachsen ist? Ganz einfach, dann liegen wir mit unserer Rechnung voll daneben und werden nie erfahren, wie alt die St.-Georgs-Eiche wirklich ist. Aber ehrlich gesagt halte ich das für recht unwahrscheinlich. Denn zwei Zentimeter jährlicher Zuwachs an Stammumfang sind für eine gesunde Eiche auf gutem Boden der zu erwartende normale Wert, so wie ihn Forstbotaniker bei vielen Vergleichsmessungen an vielen Stieleichen immer wieder festgestellt haben.

Von daher hat die St.-Georgs-Eiche sicher keine Kreuzritter gesehen und natürlich auch nicht den Heiligen Georg getroffen – der legendäre Drachentöter lebte schon vor rund 1700 Jahren und wahrscheinlich eher in der heutigen Türkei.

Aber die mächtige Eiche war schon da, als 1715 in Frankreich König Ludwig XIV. starb, und war schon alt, als im Jahr 1809, nur einen Tagesmarsch entfernt, Napoleon die österreichische Armee bei Landshut vernichtend schlug. Und so werde ich doch ehrfürchtig, wenn ich mich beim Fotografieren unter der Eiche wie ein Zwerg fühle und mir vorstelle, dass sie in 200 oder 300 Jahren vielleicht noch immer ihre markanten Äste in den Himmel reckt.

# DAS GEWISSE ETWAS ODER: MANCHE HABEN ES EINFACH

Die berühmte Tausendjährige Linde an der Kapelle Halbmeile gehört zu diesen begnadeten Bäumen: Sie steht an einem zauberhaften Ort, direkt am Waldrand und nahe einer knapp 200 Jahre alten Kapelle, ist mit einem Umfang von 7,64 Metern eine imposante Erscheinung und weist eine malerisch-geheimnisvolle Höhle im Stamm auf. Angeblich ist die Höhle groß genug für drei Menschen. Ich habe übrigens nicht ausprobiert, ob ich hineinpasse, zumal einer der Plätze bereits von einer Marienstatue eingenommen wird.

In manchen Nächten ist die Höhle von Kerzen schwach erleuchtet, was Linde und Kapelle sehr geheimnisvoll und auch ein wenig unheimlich erscheinen lassen. Das passt zum Ort, es soll sich dort ein alter Richtplatz befunden haben, nach anderer Überlieferung sollen zum Tode verurteilte Verbrecher hier begraben worden sein.

Der tatsächliche Hintergrund dieser Überlieferungen verliert sich im Dunkel der Geschichte, eine mittelalterliche Richtstätte an diesem Ort wird in keiner Chronik erwähnt. Hartnäckig galt der Platz lange Zeit als Spukort. Bei meinem ersten abendlichen Besuch der Linde hatte ich glücklicherweise noch nicht davon gehört, dass die Geister der Gehenkten nachts Linde und Kapelle heimsuchen sollen, ja, mehr noch: dass sogar ein ortsbekanntes Gedicht (siehe nächste Seite) die übersinnlichen Erscheinungen thematisiert.

Ich habe glücklicherweise keine nächtlichen Totenlichter in den Ästen der Linde gesehen, vielleicht hatten Generationen von Wanderern ja schon genügend „Vater unser" gebetet. Wer weiß?

Nachtrag: Bei meinem zweiten Besuch an einem strahlenden Herbsttag fand ich weder Spuk noch Kerzenlicht vor, nur eine unfassbar malerische Linde an einem der romantischsten Plätze in ganz Niederbayern.

*48.728818, 13.358130*

## DIE RICHTSTÄTTE

Am Waldessaum steht die Kapelle,
umblüht von Linden im Geviert;
doch einst hat die geweihte Stelle
von wildem Waffenlärm geklirrt.
Da ward im grünen Lindenschatten,
wo jetzt der Herr die Arme hält,
gebreitet über Wald und Matten,
des Rechtes strenger Spruch gefällt.
Viel Hundert schlafen dort und träumen;
doch zieht die Sommernacht herauf,
dann brennen in den alten Bäumen
der armen Seelen Lichter auf.
Sie flattern durch den Wald und klagen,
und eh' der Morgen kommt herbei,
durchbraust's den Wald wie Schwerterschlagen
und wie ein harter Todesschrei!
Der Wanderer sieht die weißen Flammen,
er flieht zum Kreuze hin und spricht
ein stilles „Vater unser … Amen“,
da sinkt vom Baume Licht um Licht.

Karl Mayerhofer

# EICHEN SOLLST DU WEICHEN, BUCHEN SOLLST DU SUCHEN

48.426795, 13.318440

Ist an dieser Redensart eigentlich etwas dran? Die kräftige Eiche bei Ruhstorf an der Rott ist schon mindestens einmal vom Blitz getroffen worden. Deutlich ist oben am Stamm der ausgesprochen schön proportionierten Stieleiche die senkrechte Blitzrinne zu sehen.

Hätte jetzt der Blitz eine Buche genauso getroffen? Ja, höchstwahrscheinlich, denn aus Sicht der Physik ist bei einem Gewitter das Einschlagsrisiko von der Baumhöhe und nicht von der Baumart abhängig. Vor allem einzeln stehende Bäume stellen in ihrer Umgebung den höchsten elektrisch leitfähigen Punkt dar und sind damit für den Blitz das am leichtesten erreichbare Ziel. Fatal wird es dann, wenn ein Mensch nahe am Stamm steht: Da der elektrische Widerstand von trockenem Holz sehr hoch ist, springt der Blitz leicht vom Baumstamm auf den elektrisch leitfähigeren Menschen über. Der hohe Wassergehalt unseres Körpers wird uns da zum Verhängnis und das sogar bis zu einer Entfernung von drei Metern vom Baumstamm. Übrigens ist dieser direkte, oft tödliche Blitzüberschlag nicht die einzige Gefahr. Selbst wenn man weiter entfernt vom getroffenen Baum steht, kann es sein, dass sich der Blitz über den Boden ausbreitet – bis zu 30 Meter bei einer nassen Wiese sind keine Seltenheit. Der Blitz jagt dann das eine Bein hoch und das andere hinunter. Ganz egal, ob wir unter einer Buche oder Eiche oder irgendeiner anderen Baumart stehen.

Wo liegen dann die Wurzeln dieser seltsamen Redensart? In alter Zeit hießen Sträucher und Büsche Bukken. Man sollte also bei einem Gewitter in den Büschen Schutz vor dem Unwetter suchen und sich keinesfalls unter hohe Bäume wie Eichen stellen.

Durch Sprachwandel wurden dann aus den Bukken die Buchen und aus dieser naturverbundenen Weisheit lebensgefährlicher Blödsinn.

EIGENTLICH UNFAIR …
WEIDEMONUMENT
ERINNERUNGSEIBE
AHORN AM BEIHOF
AHORNALLEE
HUNGEREICHE VON GIGGENRIED
FURTH im Wald
NÝRSKO
Cham-Further Senke
Lamer Winkel
Künisches Geb.
Hoher Bogen
1079
Großer Osser
1293
BAD KÖTZTING
Kaitersberg
Großer Arber
1456
Bayerisch Eisenstein
Großer Falkenstein
1315
1308
VIECHTACH
Bodenmais
ZWIESEL
REGEN
Großer Rachel
1452
Ruhmannsfelden
Zachenberg
Gotteszell
Einödriegel
1121
Dreitannenriegel
1090
BOGEN
DEGGENDORF
Lallinger Winkel
PLATTLING
Hengersberg
Wallersdorf
OSTERHOFEN
LANDAU a.d.Isar
VILSHOFEN an der Donau
GRAFENAU
Donau
Nationalpark Bayerischer Wald

# LANDKREIS REGEN

# HUNGEREICHE VON GIGGENRIED

48.989495, 12.999436

So ewig und standhaft alte Bäume wirken mögen, sie sind dem Kreislauf des Lebens unterworfen und selbst die größten und mächtigsten unter ihnen sind sterblich und irgendwann bloße Erinnerung.

Ich selber vergesse das recht schnell, wenn ich unter einem Baumriesen stehe, der wirkt, als hätten in seinem Schatten schon Kreuzritter gerastet, und ganz selbstverständlich gehe ich davon aus, dass der Baum auch miterleben wird, wenn im Jahr 2265 James T. Kirk Kommandant des Raumschiffs Enterprise wird. Eher Wunschdenken als Wirklichkeit. Die wenigsten Linden und wohl keine einzige Eiche haben wohl tatsächlich das Mittelalter erlebt und einige legendäre Veteranen wie die Bavaria-Buche, als Student habe ich sie noch vital und kraftstrotzend angetroffen, leben seit Jahren nicht mehr.

Deshalb möchte ich hier ganz bewusst an einen Baum erinnern, der schon lange gegangen ist.

Die berühmte Hungereiche von Giggenried war ein bemerkenswerter Baum. Pesteiche wurde sie auch genannt, weil sie der Legende nach 1357 von einem der letzten Überlebenden der damals grassierenden Beulenpest gepflanzt wurde.

Jahrhundertelang schirmte sie den Kauschingerhof und eine in ihrem Windschatten heranwachsende Linde gegen Wind und Wetter ab.

Im Jahre 1903 hatte die Stieleiche einen gewaltigen Umfang von 11 Metern erreicht und war weit über die Region hinaus bekannt. So bekannt, dass sie der Naturfotograf Friedrich Stützer aufsuchte, um ihr in seinem Kultbuch „Die größten, ältesten oder sonst merkwürdigsten Bäume Bayerns in Wort und Bild“ ein Denkmal zu setzen.

Für die Fotografie ließen sich die stolzen Hofbesitzer zusammen mit ihrer Eiche ablichten und platzierten drei Totenbretter dekorativ am Stamm. Vielleicht die Totenbretter jüngst verstorbener eigener Eltern oder Großeltern?

Ein Totenbrett soll im Volksbrauchtum an den Verstorbenen erinnern und gleich-

zeitig durch seine eigene sichtbar fortschreitende Verwitterung ein mahnendes Symbol der Vergänglichkeit sein.

Mit etwas Phantasie könnten die drei Bretter fast ein Orakel gewesen sein: Ein Jahr, nachdem Friedrich Stützer die Aufnahme angefertigt hatte, starb überraschend seine Frau. Sie hat ihn auf seinen Fototouren oft begleitet und ist immer wieder auf seinen Baumbildern zu sehen. Der Fotograf selbst setzte seinem Leben im Jahre 1910 durch einen Sprung in die Isar ein tragisches Ende.

Und das dritte Brett? Nun, das könnte für die Hungereiche selbst stehen. Am 3. Januar 1957 ist der Gigant an einem völlig windstillen Tag unter gewaltigem Getöse in sich zusammengebrochen. Dem Hofbesitzer war in den Stunden vorher ein eigentümlich lautes Knacken und Knarren der Eiche aufgefallen. Er verglich die Geräusche mit Gewehrschüssen aus dem Stamm.

Die „Neue Passauer Zeitung" merkte am 10.1.1957 dazu an, dass der Riese noch im Tode die Linde, die ihn Jahrhunderte treu begleitet hat, schonte und auf die ihr entgegengesetzte Seite stürzte. Die alte, mächtige Linde stehe nun alleine aufrecht

Historische Fotografie von Stützer vom 22.2.1903

und recke, wie in stiller Trauer, ihre kahlen Äste in den wintergrauen Himmel.

Als ich an einem regnerischen Maitag den Standort der Hungereiche besuche, ist der Himmel wolkenverhangen und die Linde ist größer, als ich sie mir vorgestellt hatte. Ihre Krone ragt sehr gerade auf, und wenn man genau hinsieht, erkennt man auch nach 60 Jahren noch, dass auf der Seite, die früher ihrem monumentalen Nachbarn zugewandt war, ihre Kronenäste weniger stark sind.

Nunmehr schützt die Linde eine halbwüchsige Eiche, die in ihrem Schutz heranwachsen darf, ein Geben und Nehmen im Kreislauf des Lebens.

# EIGENTLICH UNFAIR ...

49.098944, 13.230134

Sage und schreibe 53 Meter und 80 Zentimeter Höhe misst die riesige Waldhaustanne im Hans-Watzlik-Hain im Nationalpark Bayerischer Wald. Das sollte doch wirklich für einen Titel ausreichen.

Vielleicht als höchster Baum Deutschlands? Nun, da muss sich unsere bajuwarische Riesin leider einer eingeführten Exotin klar geschlagen geben. Mit 67,1 Metern Höhe übertrifft „Waltraut vom Mühlwald“, eine in der Nähe von Freiburg wachsende Nordamerikanische Douglasie, nicht nur unsere höchste Weißtanne, sondern auch alle anderen eingeführten und einheimischen Bäume deutlich an Höhe.

Und im Gegensatz zur Waldhaustanne, die in den letzten Jahrzehnten ihre Höhe kaum mehr verändert hat, ist Waltraut noch voll im Wachstum und erreicht vielleicht im Laufe der nächsten hundert Jahre die Höhe ihrer älteren Riesengeschwister im US-Bundesstaat Oregon: Die höchste Douglasie kratzt dort haarscharf an der Hundertmetermarke.

Doch zurück zur Waldhaustanne, wenn schon keine deutsche Meisterin, so doch wenigstens bayerische Höhenmeisterin? Man ahnt es vielleicht schon: Auch in Bayern hat sie eine unterfränkische Douglasie mit 63 Metern vom Thron gestoßen.

Aber sei's drum: Die Waldhaustanne ist der höchste Baum Niederbayerns und so nebenbei auch eine der höchsten und umfangstärksten Weißtannen Europas. Ihre 6,86 Meter Stammumfang sind ehrfurchtsgebietend und werden übrigens von keiner Douglasie in Deutschlands Wäldern auch nur annähernd erreicht.

Dementsprechend bekannt ist die riesige Weißtanne und gehört zum Pflichtbesuchsprogramm der Nationalparkbesucher. Damit dies der rund 500 Jahre alten Patriarchin nicht zu viel wird, hat man ihren Wurzelraum durch Holzbohlen vor Verdichtung geschützt. Auf den ersten Blick optisch gewöhnungsbedürftig, scheint die Holzkonstruktion auch dem erklärten Ziel des Nationalparks, der Natur ihren Lauf zu lassen, zu widersprechen. Aber stellen Tausende zu einem einzelnen Baum pilgernde Wanderschuhpaare einen Naturzustand dar? Wohl eher nicht, und da Bodenverdichtung die Sauerstoffversorgung feinster Saugwurzeln behindert, kann ein zu viel an Popularität für alte Bäume durchaus lebensbedrohlich sein.

In diesem Sinne klopfe ich an der Waldhaustanne nicht nur auf Holz, sondern laufe dankbar darauf: Diese Tanne ist den Verantwortlichen etwas wert.

# DIE HERREN DER BERGE ZU LINDBERG

49.029135, 13.278439

Herr der Berge, so nennt man respektvoll den einheimischen Bergahorn, die größte Ahornart der Welt. Der Riese am Beihof hat einen Umfang von über 4,50 Metern erreicht und ist nicht einmal der einzige imposante Bergahorn auf dem Gebiet der Gemeinde Lindberg. Zwischen den Ortsteilen Dampfsäge und Buchenau wächst eine ganze Ahornallee: 36 urige Bergahornbäume mit einem Alter von über 150 Jahren machen die enge, kurvige Straße zur Sehenswürdigkeit. Steht man vor den zum Teil wie Ruinen wirkenden zerklüfteten Alleebäumen, kann man kaum glauben, dass Bergahorn unter ganz bestimmten Umständen zu den teuersten Hölzern der Welt zählt.

Es fängt damit an, dass aus Sicht des Holzhandels das helle und fast weiße Bergahornholz als Edellaubholz gilt und so zu den hochwertigen und teuren Holzarten Europas zählt. Ist das Holz auch noch völlig astfrei, so steigen Wert und Preis weiter an, denn jetzt zeigen Furnierholzunternehmen großes Interesse am Bergahorn. Weist astfreies Ahornholz als Krönung noch einen sogenannten Riegelwuchs auf, ein streifenförmiges Quermuster im Holz, senkrecht zur Maserung, dann können die Preise durch die Decke gehen: Ein ungefähr 75 Zentimeter dicker und gut 8,50 Meter langer Bergahornstamm brachte es im Jahre 2012 sogar zum Titel „teuerster Baum Europas“.

Bergahornholz mit deutlich sichtbarem Riegelwuchs. Übrigens, wer jetzt hofft, mit Bergahornholz das große Geld zu machen, der braucht viel Geduld und auch etwas Glück: Die Stämme müssen von frühester Jugend an und für mindestens 100 Jahre durch stetes Unterpflanzen mit Buchen absolut astfrei gehalten werden. Selbst dann zeigen nur 3 % der Bergahornbäume Riegelwuchs.

Immerhin 61.537 Euro mussten vom Furnierwerk bezahlt werden. Übrigens wurden die obersten 1,20 Meter des Stammes zu Geigenböden verarbeitet, während der Rest als Furnier das Innere einer Moschee in Katar auskleidet. So hochwertig das Holz auch verarbeitet wurde, ich kann mich des Gedankens nicht erwehren, dass wir mehr davon hätten, wenn der hochpreisige und im Alter von 130 Jahren gefällte Rekordhalter noch leben würde. Denn die globale Erwärmung trifft die Bergahornbäume härter als viele andere einheimische Bäume: Sie benötigen zum guten Gedeihen feuchtkühle Luft und vertragen sommerliche Trockenheit nur schlecht.

So freue ich mich umso mehr, die Lindberger Herren der Berge lebendig anzutreffen, und nicht nur ihr Holz im Konzertsaal oder im Inneren von Sakralbauten.

49.018817, 13.275755

# ERINNERUNGSEIBE

49.094583, 13.270070

Die Eibe an den Steinbachfällen tief im Nationalpark Bayerischer Wald ist für mich persönlich mit sehr vielen Erinnerungen verbunden. Gerade auch mit dem Beginn meiner Baumgeschichten.

Im Januar 2018, die Baumgeschichten gab es gerade einmal rund eine Woche, hatte ich über eine Eibe im Nationalpark geschrieben, es war mein vierter Post, den in den sozialen Medien ungefähr 10 Leute gesehen haben dürften.

Der Post endete mit dem Satz: „Kaum einmal begegnen wir einem Baum wie diesem. Einer fast noch jugendlichen Eibe, die in ihren ersten beiden Lebensjahrhunderten von den Holzfällern übersehen worden ist. Wer weiß, vielleicht erfreut sich diese Eibe im Januar des Jahres 3818 immer noch bester Gesundheit."

Das Bild für den damaligen Artikel war 2012, also sechs Jahre zuvor, entstanden. Ein mehrtägiger, wunderschöner Wanderurlaub hatte mich mit meinen beiden Kindern, damals 11 und 9 Jahre alt, zu dieser Eibe geführt. Wir hatten länger bei dem alten Baum gerastet, gegessen, getrunken und vor allem miteinander gespielt. Noch heute sprechen wir gern von diesem Sommer.

Sobald feststand, dass es ein Buch über Niederbayern geben würde, war die Eibe bei den Steinbachfällen der erste niederbayerische Baum, der mir eingefallen ist. Sie musste den Weg ins Buch finden.

An einem Abend im September 2021 habe ich die Eibe für aktuelle Fotos erneut aufgesucht. Die Hauptwanderwege werden mittlerweile anders geführt. Die Eibe liegt jetzt etwas abgelegen an nicht mehr gepflegten Wegen und ist nicht mehr ganz so leicht zu finden wie ehedem.

Die Sonne ging schon unter, als ich an der Eibe ankam. Die Wegstrecke hatte ich übrigens als deutlich kürzer in Erinnerung – spielend und plaudernd war die Zeit damals offenbar schneller vergangen.

Zwar erlebte ich den Baum als beeindruckend wie eh und je, aber die Zeit war nicht stehen geblieben: Ein morscher Nachbar hatte bei seinem Fall einen gewaltigen Ast der Eibe abgebrochen. Noch mehr als den Ast vermisste ich diesmal die lachenden Kinder auf den großen Felsen bei der Eibe.

Ich trat rasch den Rückweg an, in Gedanken und melancholischer Stimmung, vor allem aber schnellen Schrittes. Das Tageslicht ließ schnell nach und als ich den Wald verließ, war die Nacht hereingebrochen.

Beim Schreiben kommt mir ein Satz des Autors Andreas Hase in den Sinn: „Wie in einem Brennglas bündelt sich in der Gegenwart einer alten Eibe das zeitliche Nacheinander zu einem Nebeneinander, und für Momente steht die Welt in Stille."

Wann werden die Eibe und ich uns das nächste Mal begegnen?

# WEIDEMONUMENT...

Mindestens 350 Jahre lang, von 1613 bis 1962, wurden die Ruckowitzschachten als Sommerweide genutzt. Einige uralte, knorrig gewachsene und von Schnee und Sturm gebeugte Bergahorngreise machen diese lange Zeit der extensiven Landwirtschaft physisch greifbar. Dass eine Viehweide 60 Jahre, nachdem sie ihren Zweck eingebüßt hat, noch als solche erkennbar ist, ist dabei nicht selbstverständlich.

Überlässt man eine uralte Weidelandschaft wie die Ruckowitzschachten einfach sich selbst, so verschwindet sie innerhalb einiger Jahrzehnte. Rasch verbreiten Wind und Vögel die Samen verschiedener Sträucher und Bäume. Anfangs besuchen Rehe und Hasen noch gern die alte Weide, um ein wenig vom zarten Aufwuchs zu naschen. Bald aber wächst aus Sträuchern wie Brombeere und Himbeere ein undurchdringliches Dickicht, in dessen Schutz immer mehr Bäume auch den längsten Rehhälsen entkommen. Schnell wachsende Pionierbaumarten wie Birke oder Salweide bilden dann erste lichte Wälder und drängen durch Beschattung und mit ihrem konkurrenzstarken Wurzelwerk die Sträucher zurück. Spätestens jetzt geraten die uralten Ahornbäume in Bedrängnis: Die näher rückenden Birken nehmen ihnen Wasser und Licht. Doch auch die Birken bleiben nicht ewig. Ihre Nachkommen benötigen das volle Sonnenlicht. Selbst ein noch so lichter Wald ist einer jungen Birke zu dunkel. Fichte und Buche hingegen wachsen unter den

49.100815, 13.276080

alternden Birken heran und wenn zuletzt noch die Weißtanne dazukommt, dann sind die Ruckowitzschachten wieder Wald geworden.

Warum lässt man das nicht zu? Sollte man nicht gerade im Nationalpark der Natur ihren ungehinderten Lauf lassen? Warum gerade dort eine Landschaft erhalten, die vor Jahrhunderten durch menschlichen Eingriff entstanden ist? Es liegt an der enormen ökologischen Bedeutung der Ruckowitzschachten, die weit über das Vorhandensein der alten Ahornbäume hinausgeht. Der ebenso schöne wie seltene Ostalpen-Enzian kommt in Deutschland nur in den Alpen und hier auf den Schachten vor. Auch der Wald-Storchschnabel und ein Flachmoor mit seinen typischen Bewohnern machen die knapp 17 Hektar große Fläche zu etwas Besonderem.

Jahrzehntelang haben die Verantwortlichen mit regelmäßigen und aufwendigen Schnittmaßnahmen die Bäume und Sträucher zurückgehalten und so den Charakter einer Weidelandschaft erhalten. Seit 2013 geht man auch anders vor: Teilflächen werden wieder wie in alter Zeit beweidet. Zwei Monate im Sommer lebt wieder das „Rote Höhenvieh“, eine alte, robuste Haustierrasse, hier und hält die Flächen frei von Bäumen und Sträuchern. Landschaftspflege im Einklang mit Geschichte und Natur – wie schon vor 350 Jahren.

Auf den Ruckowitzschachten

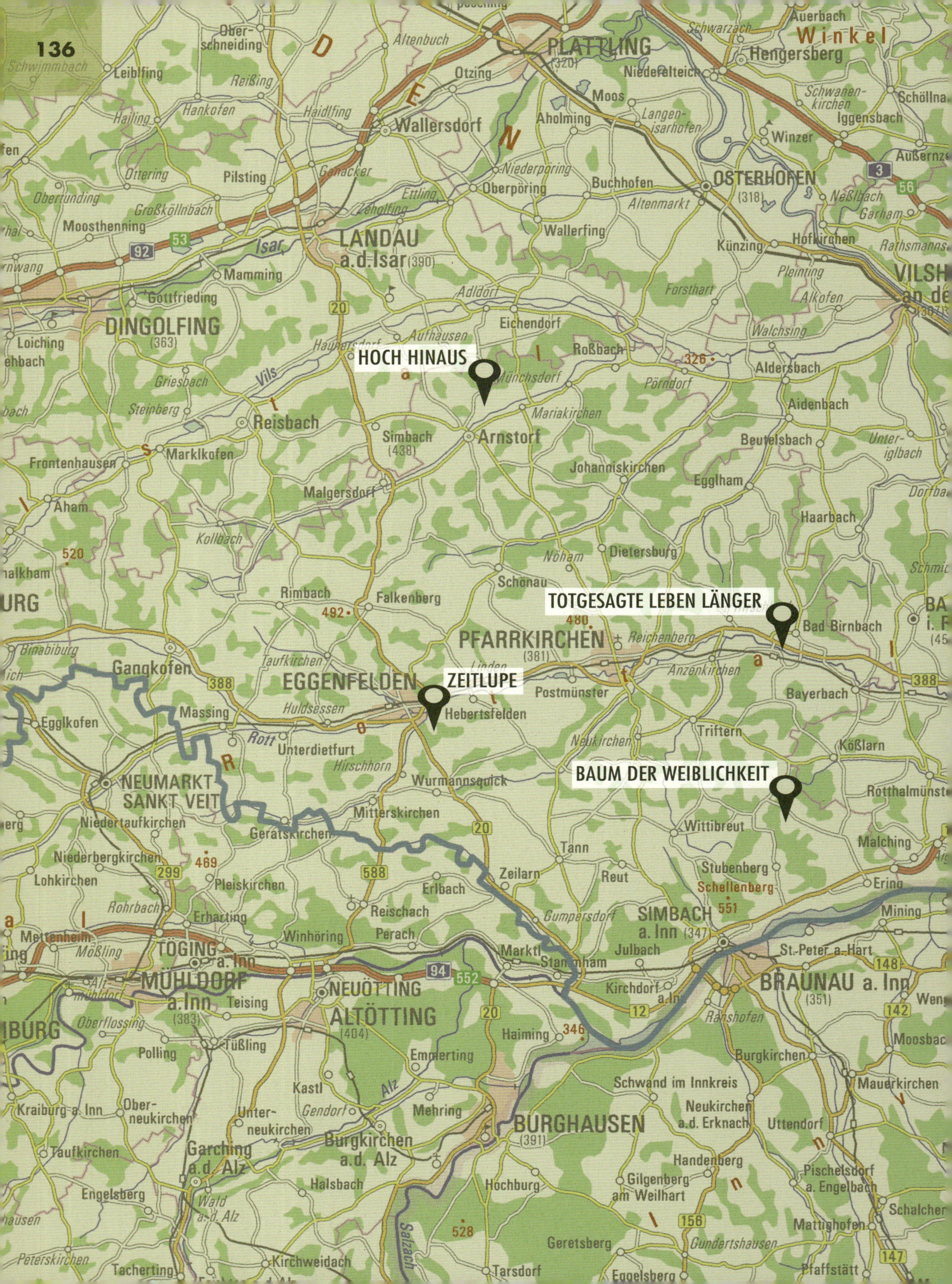
HOCH HINAUS
TOTGESAGTE LEBEN LÄNGER
ZEITLUPE
BAUM DER WEIBLICHKEIT
PLATTLING
Wallersdorf
OSTERHOFEN
LANDAU a.d.Isar
DINGOLFING
Reisbach
Arnstorf
Simbach
Malgersdorf
Eichendorf
Aldersbach
Aidenbach
Johanniskirchen
Egglham
Dietersburg
Rimbach
Falkenberg
PFARRKIRCHEN
Bad Birnbach
EGGENFELDEN
Hebertsfelden
Postmünster
Bayerbach
Gangkofen
Massing
Unterdietfurt
NEUMARKT SANKT VEIT
Wurmannsquick
Mitterskirchen
Triftern
Kößlarn
Rotthalmünster
Wittibreut
Tann
Zeilarn
Reut
Stubenberg
Schellenberg
SIMBACH a. Inn
Julbach
BRAUNAU a. Inn
TÖGING a. Inn
MÜHLDORF a.Inn
NEUÖTTING
ALTÖTTING
Marktl
Stammham
Haiming
Emmerting
Mehring
BURGHAUSEN
Burgkirchen a.d. Alz
Garching a.d. Alz
Kraiburg a. Inn
Erlbach
Reischach
Perach
Winhöring
Gumpersdorf
Kirchdorf a. Inn
Burgkirchen
Schwand im Innkreis
Neukirchen a.d. Erknach
Uttendorf
Handenberg
Gilgenberg am Weilhart
Hochburg
Geretsberg
Tarsdorf
Mattighofen
Pischelsdorf a. Engelbach
Mauerkirchen
Eggelsberg
Pfaffstätt
Tacherting
Kirchweidach
Halsbach
Engelsberg
Taufkirchen
Polling
Tüßling
Kastl
Teising
Erharting
Pleiskirchen
Lohkirchen
Niederbergkirchen
Niedertaufkirchen
Geratskirchen
Egglkofen
Frontenhausen
Marklkofen
Aham
Loiching
Mamming
Gottfrieding
Pilsting
Moosthenning
Leiblfing
Ober-schneiding
Otzing
Aholming
Moos
Niederalteich
Hengersberg
Winzer
Buchhofen
Oberpöring
Wallerfing
Künzing
Hofkirchen
Iggensbach
Auerbach
Haarbach
Beutelsbach
Malching
Ering
Mining
St. Peter a. Hart
Winkel
Isar
Vils
Rott
Inn
Alz
Salzach

# LANDKREIS ROTTAL-INN

# TOTGESAGTE LEBEN LÄNGER

48.435472, 13.076250

Nein, ich weiß auch nicht, wer diese Redensart erstmals verwendet hat. Ich bin auch nicht sicher, ob dieses Zitat tatsächlich auf die biblische Geschichte von der Erweckung des Lazarus zurückgeht, wie in der ein oder anderen Quelle etwas halbherzig behauptet wird.

Dass es aber Erich Honecker war, der diesen Satz am 6. Oktober 1989 einem westdeutschen Journalisten launig entgegnete, ist erwiesen. Ebenso wie die Tatsache, dass damit dieser Ausdruck so populär wurde, dass er gemeinhin als Erfindung des ehemaligen DDR-Parteichefs gilt.

Freilich dürfte das genausowenig stimmen wie der biblische Bezug. Sei's drum. Hier geht es weder um Lazarus noch um ostdeutsche Geschichte, sondern um eine beeindruckende Stieleiche bei Bad Birnbach. Ihr Stammumfang von fünf Metern fünfzig unterstützt die starke optische Präsenz.

Diese Stieleiche wird auf einer Infotafel als absterbender, ökologisch wertvoller Baum beschrieben. Genauer spricht der Forstjargon auf der Tafel von „abgängig", was ich, nebenbei bemerkt, als einen etwas respektlosen Ausdruck empfinde. Wir reden doch auch nicht von „abgängigen" Haustieren, wenn diese sterbenskrank sind. Aber darum soll es hier gar nicht gehen.

Tatsächlich macht die von der Forstbehörde abgeschriebene Alteiche auf mich einen recht vitalen Eindruck. Die höhere Niederschlagsmenge 2021 hat ihr mehr sattgrünes Laub beschert, als ich es bei einer sterbenden Greisin erwarten würde. Wir sollten daran denken, dass Bäume – noch viel mehr als wir – über eine ausgeprägte Regenerationsfähigkeit verfügen. Sie können oft in erstaunlicher Weise Krankheiten und Verletzungen ausheilen sowie Veränderungen ihrer Lebensbedingungen überleben: Der spektakulärste Lebendbeweis ist wohl ein Ginkgobaum nicht weit vom Stadtzentrum in Hiroshima, der den Feuersturm des Atombombenabwurfs überlebte.

Es geht auch subtiler. Bäume passen nicht nur ihren Zuwachs, sondern in gewissen Grenzen auch ihre Laubmenge den Wasserverhältnissen an. Das kann so weit gehen, dass in sehr trockenen Sommern manche Bäume ihr Laub schon im Spätsommer verlieren. Im Mai 2021 sind rund zweieinhalbmal mehr Niederschläge gefallen als im ausgesprochen trockenen Jahr 2020. Folglich soll die gesamte Laubmenge der Bäume im Jahr 2021 rund 20 Prozent größer gewesen sein als in den Vorjahren.

Vielleicht erleben wir ja eine Regenerationsphase der Eichenveteranin und nicht ihren „Abgang". Ich würde mich freuen.

Die Rieseneiche am Taschnerhof bei Eggenfelden

# ZEITLUPE

48.389165, 12.782124

Die riesige Eiche von Eggenfelden am Taschnerhof ist ein Gigant, und das ist keine Floskel. Der Baum IST riesig. Eine Höhe von 32 Metern und ein Kronendurchmesser von unglaublichen 38 Metern machen ihre gewaltige Krone zu einer der größten, wenn nicht zur größten Eichenkrone Deutschlands. Dass der walzenförmige massive Stamm auf einen Durchmesser von fast acht Metern kommt und sich dabei kaum nach oben verjüngt, unterstützt das Bild eines wahren Riesen.

Der mächtige Baum wirkt dabei ebenso massiv wie elegant und hat nichts von einem knorrigen, von den Jahrhunderten gezeichneten ehrwürdigen Greis. Die rund 350 Jahre alte Stieleiche erscheint ungewöhnlich zeitlos, weder jung noch alt, sondern einfach nur unveränderlich und ewig gleich riesig.

Eigentlich erwartet man, dass dieser Baum vor 100 Jahren genauso ausgesehen hat wie heute und sich in den nächsten 100 Jahren ebenso wenig verändern wird.

Dabei täuschen die grünen Riesen unsere etwas schnelllebige Spezies nur mit dem ihnen eigenen Zeitlupentempo, mit dem sie ihre Lebensphasen durchlaufen. Die Jugendzeit einer Eiche dauert rund 80 Jahre. Dann ist der strukturelle Aufbau ihrer Krone abgeschlossen. In der anschließenden, ca. 300 Jahre währenden Reifephase verändert sich der Baum nur wenig – außer, dass er – nun deutlich langsamer – weiterwächst. Eichen, die sich am Ende ihrer Reifephase befinden, beeindrucken durch ihre schiere Größe und schauen im Idealfall aus wie die Eiche am Taschnerhof. Der daran anschließende Lebensabschnitt lässt die Ausmaße des Baums allmählich wieder schrumpfen. In der Altersphase geht die Vitalität zurück, immer mehr der riesigen Kronenäste sterben oder brechen ab und werden doch laufend durch Neuaustrieb ersetzt. Bleibt die vergreisende Eiche bei guter Gesundheit und steht sie auf gutem Boden, so kann diese Phase noch einmal bis zu 300 Jahre dauern. Da in dieser Zeit der Stamm einerseits langsam hohl wird und andererseits immer weiter an Umfang zunimmt, wirken sehr alte Eichen mit ihren im Verhältnis zum Stamm kleinen Kronen und dem hohen Totholzanteil sehr malerisch und knorrig.

Dass wir Menschen mit unserer Lebensspanne, die gerade einmal die Teenagerzeit einer Eiche umfasst, nicht ganz mitkommen, mag man uns verzeihen. Und doch ist auch das nur die halbe Wahrheit: Tatsächlich halten wir alte

Bäume auch deshalb für so unwandelbar, weil wir sie oft nur oberflächlich wahrnehmen.

Zum Beispiel wachsen auch in der Reifephase einer Eiche die Spitzentriebe der Äste jährlich rund 10 Zentimeter weiter in die Länge, und auch ihre Verzweigung schreitet weiter fort.

Ich denke, bei einem Freund, den wir nur einmal im Jahr sehen, würden wir durchaus bemerken, wenn er seit dem letzten Treffen 10 Zentimeter gewachsen wäre. Bei einem großen Baum übersehen wir solche Veränderungen ganz selbstverständlich. Gewaltige Ausmaße überfordern die Genauigkeit unserer Wahrnehmung.

Aber auch die langsame Zunahme des Stammumfangs ist gar nicht so langsam, wie es scheinen mag. Bei einer gesunden Eiche und durchschnittlichen Bodenverhältnissen rechnet die Forstwissenschaft mit einer Zunahme des Umfangs von zwei Zentimetern jährlich. In 25 Jahren summiert sich das immerhin auf einen halben Meter. Auch hier bin ich sicher, dass es uns nicht entgehen würde, wenn der Taillenumfang einer entfernten Tante in 25 Jahren von 80 Zentimetern auf beachtliche 130 Zentimeter zunehmen würde.

Auf die Eiche am Taschnerhof angewendet heißt das, dass sie mit ihrem heutigen Umfang von 7,55 Metern im Jahre 1921 vergleichsweise schlanke 5,50 Meter gemessen haben dürfte und in weiteren 100 Jahren mit einem Umfang von über 9 Metern Ausmaße erreicht, die denen der monumentalen St.-Wolfgangseiche bei Thalmassing südlich von Regensburg nahe kommen. So groß diese Veränderungen auch sein mögen, auffallen würden sie uns doch nur im direkten Vergleich.

Bäume vermitteln mir eine ruhige Verlässlichkeit, die für mich aus einer eigentümlichen Mischung aus Dauerhaftigkeit und kontinuierlicher, niemals Hektik zulassender Entwicklung kommt: nicht ewig und unwandelbar erscheinend wie die Berge oder das Meer, sondern den Gesetzen des Lebens unterworfen wie wir Menschen. Alte Bäume stehen für eine unerbittliche Entschleunigung, der ich mich nicht entziehen kann und die mir eine tiefe innere Ruhe schenkt. Dafür bin ich der Eiche vom Taschnerhof sehr dankbar, ihr und allen anderen besonderen Bäumen, denen ich begegne.

# HOCH HINAUS

48.577534, 12.829716

Hoch hinaus wollte die gewaltige Eiche von Arnstorf-Stockahausen offenbar nie. Obwohl der landschaftsprägende und weithin sichtbare Baum im Laufe der Jahrhunderte eine Höhe von über 20 Metern erreicht hat, fällt doch in erster Linie seine raumgreifende Breite auf und erzählt viel über das Leben der alten Stieleiche: Sie stand offenbar von Anfang an frei zwischen Äckern und Wiesen, war vielleicht einmal Teil einer Feldhecke, in der ein Eichhörnchen einige Eicheln vergraben hatte. Es muss ungefähr zu der Zeit gewesen sein, als das Kurfürstentum Bayern an der Seite Frankreichs wieder einmal Krieg gegen Österreich führte und wahrscheinlich wieder mal verlor und nicht zum letzten Mal vom Habsburger Nachbarn besetzt war.

Das lichte Gestrüpp schützte das junge, völlig unpolitische Bäumchen vor bedrängenden Gräsern und hungrigen Weidetiermäulern.

Nach einigen Jahren konnte es die junge Eiche schaffen, ihr zartes Krönchen über die Sträucher zu erheben und allmählich die Gehölzgruppe zu dominieren. Dennoch werden die Sträucher – vielleicht Schlehe, Weißdorn oder Holunder – noch lange Wind, Sonne und vor allem lebensbedrohendes Rehwild aus den nahen Wäldern von ihrem Stamm abgehalten haben.

Da keine mit ihr um das Sonnenlicht konkurrierenden Bäume in unmittelbarer Nähe wuchsen, begann die Eiche ihre tragenden Kronenäste tief anzusetzen – gerade hoch genug, dass kein hungriges Maul an die saftigen Knospen und Blätter gelangen konnte.

Irgendwann haben Menschen die Sträucher an ihrem Stammfuß entfernt, diese litten ohnehin unter zunehmendem Lichtmangel durch das immer dichter werdende Kronendach.

Ich stelle mir vor, dass es höchst pragmatische Gründe waren, die dazu führten, die Eiche freizustellen: Erstens war die mittlerweile mächtige Eiche prädestiniert, als sogenannter Hutebaum nährstoffreiche Eicheln zu liefern, so dass vielleicht im Herbst regelmäßig das Vieh der nahen Höfe unter die Eiche getrieben wurde. Und zweitens konnte sie – eine Vorstellung, die ich besonders mag – Generationen von am Stamm vor sich hinträumenden und dösenden Hütemädchen und Hütejungen als sommerlicher Schattenspender dienen.

Das alles ist lange her, immerhin dürfte die Eiche mittlerweile rund 300 Jahre alt sein. Eine wichtige, aber unspektakulär scheinende Etappe ihres Lebens liegt im 20. Jahrhundert: Sie durfte ÜBERLEBEN, auch dann, als sie als Schattenspender und Futterquelle nicht mehr gebraucht wurde. Sie durfte weiterleben, als sie als Bau- oder Brennholz wichtig hätte sein können. Ausladende Bäume wurden im 20. Jahrhundert vor allem auch der intensiver werdenden Landwirtschaft oder möglichen Wegeausbauten lästig.

Das ist nicht geschehen, es gab und gibt Menschen, denen genau dieser Baum wichtig war und ist. Die alte Eiche stand vielleicht jahrzehntelang unter dem Schutz eines Hofes, durfte schon 1950 zu einem der ersten Naturdenkmäler im Landkreis Rottal-Inn werden und erfreut uns vielleicht noch Jahrhunderte – in einer Zeit, in der Bäume wichtiger sind denn je.

# BAUM DER WEIBLICHKEIT

48.327893, 13.040703

Als solcher gilt die Linde seit eh und je. Optisch wirken Linden oft einladend und weit weniger unnahbar als gleich große Eichen. Bei der riesenhaften Kuppellinde von Kriering fällt mir das sofort auf. Ihre Krone hat einen Umfang von unglaublichen 180 Metern. Die starken Äste liegen fast am Boden auf und schaffen so einen dämmrigen Raum, der mich an das Innere einer Kirche erinnert.

Ob die Geborgenheit, die unter einer Lindenkrone zu spüren ist, dazu geführt hat, alte, freistehende Linden als weiblich anzusehen und sie bevorzugt weiblichen Gottheiten zu weihen? Bei den germanischen Stämmen war die Linde beispielsweise der Göttin Freya geweiht.

Mit der Göttin Freya ist das übrigens eine ziemlich verworrene Sache: Heute geht man davon aus, dass es in der heidnischen Götterwelt die Liebesgöttin Freya gar nicht von Anfang an gab, sondern ursprünglich nur eine Göttin namens Frigg.

Die wurde allerdings im Laufe der Zeit (den Männern?) zu bedrohlich: einerseits mächtige Himmelskönigin als Frau Odins, Hüterin des Herdfeuers, Schutzgöttin des Lebens, der Ehe und Mutterschaft, andererseits leidenschaftliche Frau, Göttin der Liebe, der Liebesmagie kundige attraktive Verführerin, sexuell sehr frei und selbstbestimmt unterwegs, leicht in Wut zu bringen und gefürchtete Anführerin der Walküren in der Schlacht.

Gerade die starken Wikinger waren die Ersten, die vor so viel Frauen-Power einknickten: Sie lagerten alle wilden und so gar nicht zur huldvollen Muttergöttin passenden Eigenschaften der Frigg in eine neue Göttin aus: Freya. Frigg konnte so die jugendfreie Göttergattin und Hüterin des Hausstandes bleiben, und die anziehend-bedrohliche Gestalt der Freya wurde ihr als eine Art germanisches Pendant zur griechischen Liebesgöttin Aphrodite an die Seite gestellt.

Kein Wunder, dass die nordischen Geschichtenerzähler im Laufe der Jahrhunderte Frau Freyas Liebesleben besonders spannend fanden. Während Freya immer bekannter wurde, geriet die ursprüngliche Göttin Frigg allmählich in Vergessenheit.

Als vor rund 600 Jahren die alten nordischen Sagen neu belebt und aufgeschrieben wurden, war Frigg kaum mehr bekannt, und man ordnete deren treusorgend häusliche Eigenschaften ebenfalls der Freya zu. Frigg und Freya – wieder vereint.

Und die Lindenbäume? Sie stehen einerseits für den schützenden Aspekt der Frigg, werden im Vergleich zur Eiche als sanft und einladend gesehen. Die Lindenblüten nähren die Bienen und verschaffen den Kranken von alters her Linderung. Andererseits darf die wilde Seite der Freya aufblitzen: Die herzförmigen Blätter der Linde gelten zwar als Liebessymbole, aber es ist dennoch ein Lindenblatt und kein Eichenblatt, welches in der Nibelungensage dem kampfstarken Siegfried den Tod bringt. Der Drachentöter hatte eine Walküre besiegt und betrogen – das konnte deren göttliche Herrin wohl nicht ungestraft lassen.

Unter der Krone der Riesenlinde von Kriering geht mein Blick nach oben, die gewaltigen und wild gebogenen Äste fesseln meinen Blick und alte göttliche Gegensätze sind vereint: Ich sehe sowohl die schirmende Seite der Frigg als auch die wilde Seite der schönen Freya.

24000 GLÄSER HONIG
SCHWERGEWICHTIGE HOFBÄUME
GALGENEICHE
SUCHE NACH
EINER LEGENDE
REGENSBURG
NITTENAU
CHAM
RODING
BAD KÖTZTING
VIECHTACH
WÖRTH
a. d. Donau
NEUTRAUBLING
BOGEN
STRAUBING
GEISELHÖRING
Mallersdorf-Pfaffenberg
Ergoldsbach
Essenbach
DINGOLFING
LANDAU
a.d.Isar
Wallersdorf
Reisbach
Arnstorf
Falkenstein
Wiesenfelden
Hettenbach
Falkenfels
Mitterfels
Parkstetten
Atting
Rain
Aiterhofen
Salching
Laberweinting
Leiblfing
Pilsting
Mamming
Sünching
Hagelstadt
Riekofen
Pfatter
Donau
Isar
Vils
Regen
B
A
Y
E
R
I
S
G
Ä
U
B
O
D
E
N

# LANDKREIS STRAUBING-BOGEN UND STADT STRAUBING

# GALGENEICHE

Als ich die Arnkofener Eiche zum ersten Mal erblickte, dachte ich spontan an eine Galgeneiche. Um es gleich deutlich zu sagen: Die mächtige Eiche, knappe vier Kilometer von Laberweinting entfernt, war niemals ein Richtbaum, keine Bammeleiche oder Bürgereiche, wie die echten Hinrichtungsbäume auf recht makabere Weise genannt wurden. Bäume für den Vollzug der Todesstrafe gab es zwar, aber nur recht selten – in der Regel war der Galgen seit dem Mittelalter eine stabile Holz- beziehungsweise Stein-Holzkonstruktion. Die raren Richtbäume mussten gut sichtbar sein und vor allem an wichtigen Hauptverkehrsstraßen liegen. Halb verborgen, irgendwo am Waldrand, wäre die abschreckende Wirkung, die von den Erhängten ausgehen sollte, viel zu gering gewesen.

Ich will kurz erklären, warum ich dennoch bei dieser unschuldigen Waldrandeiche die Assoziation von Galgenbaum habe. Da ist zum einen ihr Wuchs: Ein massiver, kerzengerader und 6,25 Meter Umfang messender Stamm neigt sich leicht in Richtung des Weges. Zum anderen ist da meine Erinnerung an die berühmte Radierung von Jacques Callot, „Der Galgenbaum“ von 1632, ohne die kaum ein Geschichtsbuch auskommt. Am dort abgebildeten Baum hängen 21 Hingerichtete (vermutlich verurteilte Soldaten)

*48.811472, 12.281972*

und dem 22. wird gerade mit priesterlichem Beistand der Strick um den Hals gelegt. Dem Künstler ging es in seinem 18-teiligen Radierzyklus, dessen mit Abstand bekanntestes Bild „Der Galgenbaum“ sein dürfte, natürlich nicht um botanische Korrektheit, sondern um die unvorstellbaren Gräuel des 30-jährigen Krieges.

Allzu lange konnte ich solchen Gedanken nicht nachhängen: Ich hatte mich mit dem Fotografieren zu beeilen. Ferner Donner war zu hören, das Licht ließ schnell nach und die ersten Regentropfen fielen.

Zu hause wandte ich mich genauer der im Original nur sieben mal achtzehn Zentimeter kleinen Radierung zu, um Rückschlüsse auf die Identität des Baums ziehen zu können: Die starken Äste, an denen die Delinquenten hängen, gehen fast im 90-Grad-Winkel vom Stamm ab, eine Eigenschaft, die man bei Eichen öfter findet als bei den meisten anderen einheimischen Bäumen. Auch wird man gerade Eichenholz eine zuverlässige Belastbarkeit zugetraut haben.

Ich gebe zu, diese Überlegungen sind noch vage. Denn es ist ein anderes Detail, welches meine Aufmerksamkeit fesselt und mich persönlich sicher macht, dass der lothringische Künstler eine Eiche porträtiert hat:

Die Hingerichteten hängen nicht an lebenden Ästen, sondern an offensichtlich abgestorbenen Ästen. Kein anderer Baum trägt einen derart hohen Totholzanteil in der Krone wie eine alte Eiche, und bei keiner anderen Baumart trotzt das harte Holz der toten Äste so viele Jahrzehnte der Witterung.

Es sind wohl die zahlreichen, kahlen Stummel lange vergangener waagrechter Äste und der hohe Totholzanteil in der 29 Meter hohen Krone, die mich an den berühmtesten Galgenbaum der Kunstgeschichte denken lassen. So ähnlich, wie die Eiche in Arnkofen vor 100 bis 200 Jahren einmal ausgesehen haben dürfte, stelle ich mir den „L'arbre aux pendus – den Baum mit Gehängten" vor.

# SUCHE NACH EINER LEGENDE

„Vor eines Königs Palast stand ein prächtiger Birnbaum, der jedes Jahr die allerschönsten Früchte trug." Mit diesem Satz beginnt ein weniger bekanntes Märchen der Gebrüder Grimm. Hand aufs Herz, wer kennt den Namen dieses Märchens, ohne nachzuforschen?

Aus Arabien stammt ein wunderschönes Märchen mit dem Titel „Birnchen", es handelt von einem jungen Mädchen, das von seinem Vater samt einer Ladung Birnen verkauft wird und nach vielen Abenteuern den Sohn des Kalifen heiratet.

Und auch wenn Gold- und Pechmarie einen Apfelbaum und keinen Birnbaum schütteln, sind es doch immer wieder die Birnen, die in Mythologie und Literatur einen ganz besonderen Platz innehaben. Dafür sorgte auch der Schriftsteller Theodor Fontane, der mit seiner Ballade „Herr von Ribbeck auf Ribbeck im Havelland" dem Birnbaum des Freiherrn Hans Georg von Ribbeck Weltruhm bescherte. Übrigens gab es diesen wohl berühmtesten Birnbaum der Literaturgeschichte wirklich, bis er am 20. Februar 1911 einem Sturm zum Opfer fiel, und auch die Handlung der berühmten Ballade vom gutmütigen Schlossherrn und seinem flüsternden Birnbaum beruht im Kern auf einer wahren Geschichte.

48.784630, 12.244950

Birne und Zauberei gehörten schon im Mittelalter zusammen. Damals fürchtete man alte knorrige Birnbäume als Heimstatt von Hexen und Dämonen, vielleicht gerade deshalb, weil die Wildbirne bei den Germanen als von Göttern bewohnt galt. In der Antike sah man in Birnbäumen Symbole für Liebe und Fruchtbarkeit. Auch das dürfte sich in der Zeit der Christianisierung als höchst rufschädigend erwiesen haben.

Ich jedenfalls wollte unbedingt einen märchenhaften alten Birnbaum ins Buch aufnehmen. Und es war gar nicht so leicht, ihn zu finden. Ich meine das übrigens im ganz wörtlichen Sinn: Trotz zuverlässiger GPS-Daten bin ich dreimal in Sichtweite an dem Baum am Ortsrand von Mallersdorf vorbeigefahren. Es hat gedauert, bis ich mich durchgerungen habe, doch mal anzuhalten und den kurzen Fußweg zu einer Großstrauchgruppe zurückzulegen, welche die mutmaßliche Birnbaum-Position markierte.

Und so habe ich den Märchenbaum dann doch noch gefunden: Von Holunder und anderen Sträuchern dicht eingewachsen, reckte eine uralte, aber vitale Holzbirne einzelne abgestorbene Astspitzen in den Himmel. Beim Umrunden zeigte die Birne sogar noch ihren von den Jahren gezeichneten Stamm. Nicht unbedingt einladend, aber beeindruckend – und da in der schwülen Luft das heraufziehende heftige Gewitter schon zu spüren war, habe ich mir die Sache mit den Hexen und Dämonen im Birnbaum doch noch einmal durch den Kopf gehen lassen. Könnte schon was dran sein. Schließlich hat schon Theodor Fontane einige Jahre vor seiner weltberühmten Ribbeckballade die düstere Mordgeschichte „Unterm Birnbaum" verfasst. Und da ist doch eine Leiche unter einem Birnbaum vergraben.

Bei dem zitierten Märchen der Gebrüder Grimm handelt es sich um „Die weiße Taube“. Es ist eine unbekanntere Variante des Märchens „Die goldene Gans“. Hier wie dort findet ein ganz und gar nicht dummer Dummling sein wohlverdientes Glück.

# 24 000 GLÄSER HONIG

49.046917, 12.517967

… verdanken wir der Jägershoflinde bei Wiesenfelden.

So viel Honig haben ungezählte Bienenvölker im Laufe der Jahrhunderte aus dem jährlichen Blütenmeer der Linde gewinnen können: Wissenschaftler in der Schweiz haben hochgerechnet, dass pro Jahr und pro ausgewachsener Linde 30 kg Honig erzeugt werden.

In ihren rund 400 Lebensjahren sind so bei der Riesenlinde am Jägershof immerhin 12 Tonnen Honig zusammengekommen. In handelsübliche, knapp 10 Zentimeter hohe Gläser abgefüllt und aufeinandergestapelt, ergäbe das immerhin einen rund 2400 Meter hohen Honigglasstapel. Was blühende Linden als Trachtbäume für unsere Bienenvölker leisten, ist rekordverdächtig.

Das wusste man übrigens schon im Mittelalter. Denn in der vor über 1200 Jahren verfassten und für das ganze Kaiserreich verbindlichen Landgüterverordnung „Capitulare de villis" ist zu lesen, dass vor jedem Hofe ein Lindenbaum zu pflanzen sei. Nicht nur um das Gehöft vor bösen Geistern und Blitzschlag zu schützen, sondern vor allem, um die Imkerei und damit die kostbare Honigproduktion nachhaltig zu fördern.

Heute ist kaum mehr vorstellbar, wie wertvoll Honig Jahrtausende lang war. Erst mit dem Import größerer Rohrzuckermengen im 16. Jahrhundert durch die Portugiesen begann sich das zu ändern. Die Wohlhabenden bevorzugten nun den exotischen Rohrzucker von den überseeischen Zuckerrohrplantagen. 200 Jahre lang florierte der Handel mit dem „Weißen Gold", und Honig wurde zunehmend als zwar wichtig, aber doch als das Versorgungsmittel des gemeinen Volks wahrgenommen. Ironischerweise erfolgte das jähe Ende des Honigs als verbreitetes Süßungsmittel durch eine politische Maßnahme, die sich an sich gegen die Einfuhr von Rohrzucker richtete: Anfang des 19. Jahrhunderts blockierte Napoleon durch seine Kontinentalsperre fast vollständig die Einfuhr von Waren aus den Kolonien nach Europa. Sollten die entsetzten Reichen und Schönen also während der napoleonischen Kriege wieder zum schnöden Honig zurückkehren müssen? Mitnichten. Menschlicher Erfinder- und Geschäftsgeist wussten das zu verhindern: Franz C. Achard entwickelte ein Verfahren zur industriellen Produktion von Kristallzucker aus Zuckerrüben und ließ 1801 in Schlesien die erste Rübenzuckerfabrik der Welt errichten. Bald war Industriezucker so billig und in so großen Mengen verfügbar, dass er Rohrzucker und Honig in gleicher Weise verdrängte.

Heute steht es um das Ansehen der „Speise der Götter", wie die alten Ägypter den Honig nannten, wieder weit besser. Zahlreiche wissenschaftliche Studien bestätigen seinen gesundheitlichen Nutzen, und zumindest ich finde ein Honigbrot eindeutig leckerer als ein Zuckerbrot.

Hoffen wir nur, dass es auch in Zukunft noch genügend Bienen gibt, um die Kronen blühender Linden zum Summen zu bringen, und dass die alte Linde von Wiesenfelden noch lange die Bienenvölker nähren wird. So lange, bis der gedachte Honigglasstapel der Jägershoflinde die Höhe des Kilimandscharos erreicht. In rund 580 Jahren wird es soweit sein. Die Linde könnte das als uralte Greisin noch erleben.

Die Jägershoflinde bei Wiesenfelden – zu jeder Jahreszeit sehenswert

Eiche 1

# SCHWERGEWICHTIGE HOFBÄUME

Eiche 1 48.921167, 12.461278
Eiche 2 48.922986, 12.452602
Eiche 3 48.924694, 12.454556
Eiche 4 48.924278, 12.454250

Gleich mehrere gewaltige Eichen dominieren die ausgedehnten Ländereien von Schloss Puchhof. Rund drei Jahrhunderte wachen sie hier schon, die stärkste unter ihnen hat einen Umfang von 7,60 Metern erreicht und ist bei bester Gesundheit. Seit Mitte des 12. Jahrhunderts besteht das Gut, es heißt, die Erde verberge noch zahlreiche mittelalterliche Funde. Der malerische Wuchs der alten Eichen passt gut zu dem geschichtsträchtigen Boden, auf dem sie stehen.

Warum hat man eigentlich zu allen Zeiten Bäume an großen und kleinen Anwesen gepflanzt? Und noch dazu fast immer große Linden oder eben Eichen? Raumgreifende Hofbewohner, die kein Obst, sondern bestenfalls Schatten spenden? Ob sommerlicher Schatten schon als Pflanzgrund ausreichte? Wohl kaum. Vermutlich reichen die Ursachen tief in unsere heidnische Vergangenheit zurück. Die Eiche war bei unseren germanischen Vorfahren dem Donnergott Donar geweiht und damit vor der Christianisierung einer der heiligsten Bäume überhaupt. In heiligen Eichenhainen, deren Beschädigung bei Todesstrafe verboten war, wurde den Göttern geopfert. Zwar ließ der heilige Bonifazius im Jahre 723 eine Heilige Eiche fällen, um Donars Machtlosigkeit publikumswirksam zu demonstrieren, doch blieb die christianisierte Bevölkerung vorsichtig und wollte es sich mit dem abgelösten Donnergott nicht ganz verderben: Jahrhundertelang hielt sich der Aberglaube, dass Eichen die Bauernhöfe vor Blitzschlag und Unwetter zu schützen vermögen.

Eiche 2

Bei ländlichen Eichenpflanzungen kam sicher noch ein ganz pragmatischer Grund dazu. „Auf den Eichen wachsen die besten Schinken“, lautet eine alte Redensart. Gemeint ist, dass die im Herbst reichlich vom Baum regnenden Eicheln früher ein hochwertiges Schweinefutter abgaben. Entweder man sammelte die Eicheln für den Winter oder trieb die hungrigen Schweine direkt unter fruchtende Eichen.

So betrachtet ist die Eiche ein Hausbaum mit großer Vergangenheit und mit Zukunftspotential: einerseits ein Symbol für übernatürlichen Schutz und andererseits für artgerechte und naturnahe Haustierhaltung. Gebrauchen können wir im 21. Jahrhundert beides.

Eiche 3

Eiche 4

# DANKSAGUNG

Ohne Rang- und Reihenfolge …
… möchte ich all denen Danke sagen, die am Gelingen dieses Buches Anteil hatten. Danke für die vielen inspirierenden Begegnungen, die ich während der Arbeit am Buch haben durfte.

Mein ganz besonderer Dank gilt: Herrn Matthias Walch, Naturschutzreferent am Landratsamt Dingolfing-Landau, dem einmaligen Baumdetektiv Rudi Wilhelm und vor allem Dir, lieber Christian Wolf, für Dein großzügig geteiltes Wissen und dafür, dass Du vom Unterstützenden zum Freund wurdest. Danke, liebe Lea Simone, für unsere unvergesslichen Fototouren, für Deinen besonderen Blick durch den Sucher der Kamera und nicht zuletzt für Dein glasklares wertvolles Feedback beim Entwickeln der Geschichten.

Und Danke an das grandiose Team vom Battenberg-Gietl-Verlag. Ihr habt dieses Buch nicht nur ermöglicht, sondern mit Herzblut begleitet.

# ZUM AUTOR

***Jürgen Schuller***

… Jahrgang 1968, hat Biologie in Erlangen studiert und unterrichtet heute am Gymnasium. Seit 2018 fasziniert er in den sozialen Medien mit seinen „Baumgeschichten" und begeistert die Besucher seiner Vorträge in Deutschland, Österreich und der Schweiz. Mittlerweile regelmäßiger Gast in TV und Rundfunk, erscheint jetzt sein zweites Buch, in dem er die faszinierenden Bäume Niederbayerns vorstellt.